格　局

乔洁　著

图书在版编目（CIP）数据

格局 / 乔洁著. -- 长春：吉林文史出版社，2019.4（2023.8 重印）

ISBN 978-7-5472-6116-3

Ⅰ. ①格… Ⅱ. ①乔… Ⅲ. ①成功心理－通俗读物 Ⅳ. ①B848.4-49

中国版本图书馆CIP数据核字(2019)第073318号

格　局

出 版 人　张　强
著　　者　乔　洁
责任编辑　弭　兰
封面设计　韩海静
出版发行　吉林文史出版社
地　　址　长春市福祉大路出版集团 A 座
印　　刷　德富泰（唐山）印务有限公司
版　　次　2019 年 4 月第 1 版
印　　次　2023 年 8 月第 2 次印刷
开　　本　880mm × 1230mm　1 / 32
字　　数　140 千字
印　　张　8
书　　号　ISBN 978-7-5472-6116-3
定　　价　38.00 元

前　言

格局是什么？我们先来看这样一个故事：

一个妇女，不管买了什么，都喜欢在邻居面前显摆。有一天，她买了一双鞋，就迫不及待地到邻居家显摆，结果发现邻居也有一双同样的鞋，而且价格比她的还便宜40元钱，为此，她闷闷不乐了好几天。这个妇女的格局也就只值40元钱。

这就是格局，说得再简单一点儿，格局就是你价值观的高度。

格局说起来简单，但在人们的生活和工作中处处得以彰显，不管是大事还是小事，都有格局的身影。

有的人即使跌落至人生低谷，也能振作精神，再接再厉，勇攀高峰；有的人哪怕是遇到一点儿小小的挫折，就从此一蹶不振，颓废地过完此生。有的人面对生活困境，依然乐观向上，相信风雨过后一定会有彩虹；而有的人则是不停抱怨，即使机会摆在眼前，也会让他白白溜走。有的人一开始就为自己定下了明确的人生目标，脚踏实地，一步一步朝着自己的人生巅峰攀登；而有的人就像一只无头苍蝇四处乱撞，忙东忙西，却毫无起色。

有人说，一个人的格局有多大，要看他曾经历的委屈和苦难。的确如此，一个人的格局不是生来就有的，而是委屈和苦难后的一种精神升华，是生命中宝贵的精神财富。

有句话这样说：“极尽三千繁华，不过弹指一刹那，百年云烟过后，不过是一捧黄沙。不争就是慈悲，不辨就是智慧，不贪就是布施，断恶就是行善，改过就是忏悔。”

确实如此，只有懂进退、会取舍，才能成就美好人生。

格局小的人，只看得到眼前的得失，经常为一些小事斤斤计较，占到便宜就扬扬得意；而格局大的人，明白眼前的一点儿成绩根本不值一提，他们心胸开阔，热爱生活，懂得如何包容他人，更懂得如何取舍，有长远的目标和独特的思维方式，不会被眼前利益所迷惑。

人生在世，就是要不断尝试新的事物，挑战自我，这样才能挖掘出动力，走过坎坷，成为一个自信、勇敢、有大格局的人。

每个人的命运都是不同的，经过生活的洗礼，剩下的将是拥有大格局的人。一个人的格局决定他的成败，决定他的人生，只有拥有大格局的人，才能拥有精彩的人生。

本书语言平实，案例丰富，接近生活，从心态、思维、生活、财富和自我提升等角度出发，和你一起探讨人生的智慧。当你阅读完此书后，希望也能拥有睿智的人生格局。

目　录

辑一
持大人物的心，做现实的理想主义者

如果把人生比作放风筝，我们的思想与眼光便是牵引风筝的那根线。只有放了线，风筝才能自由翱翔，广阔天空任其飞。人也如此，当我们跳出狭小空间，走出去，就会发现，只要你愿意，脚下的土地随时可以成为我们施展抱负的舞台。

你的格局，决定了你的人生

近年来，越来越多的人开始谈论格局，都说一个人格局越大，成就会越显著。那到底是什么决定了你的人生格局？说到这里，先来看一个经典的小故事：

工地上，甲、乙、丙三个建筑工人正在刷墙，有人好奇，问他们在做什么……

甲不耐烦地说："没看到我们在刷墙吗？"

乙语气温和地说："我们在建房子。"

丙笑容满面地说："我们正在建设城市新面貌。"

一晃十年过去了，当初刷墙的三名建筑工人的身份也发生了改变。碌碌无为的甲仍是个粉刷工人；乙通过不断努力，摇身一变，成为工程师；丙就更厉害了，开了一家房地产公司，成了甲、乙二人的老板。

这个故事说明了什么？很简单，它就是格局。俗话说，饼再大，也大不过烙它的那口锅，不管你想烙大饼还是小饼，无疑都会受到锅的限制。如果把未来比喻成锅里的"烙饼"，人生能够走多远，达到怎样的境界，完全取决于"锅"，这就是格局。

所谓格局，就是从一个人思想的深度、境界的高度、胸怀的广度、眼界的宽度所体现出来的修养与学识。

读过的书，决定了你思想的深度。

"书中自有黄金屋，书中自有颜如玉。"读书自古以来就是人们极力推崇的一件事，因为知识可以改变命运，让人一展抱负。很多人常常持有这样的想法：“虽然读的书很多，可时间一长，大部分都忘记了，这样看起来似乎也没有多大用处。”

关于这点，网上有一个类似的回答，引起很多人的共鸣。原话是这样说的：一个人每天都会吃很多食物，但每天都会排泄，难道说吃进去的食物都白吃了，没起到任何作用吗？错，虽然排泄了大部分，但剩下的少数却变成人们身体所需要的营养，长成血肉和骨头。

“腹有诗书气自华，最是书香能致远。”一个读书多的人，书的内容早已深入骨髓，融进了他的血液和灵魂，并最终沉淀成一个人的修养与智慧。

著名作家三毛曾在《送你一匹马》中写过：“读书多了，容颜自然改变。许多时候，自己可能以为许多看过的书籍都成过眼烟云，不复记忆，其实他们仍是潜在的。在气质里，在谈吐上，在胸襟的无涯。当然，也能显露在生活和文字中。”

这便是读书的真谛。读过的每一本书，它都会在日后的某一天、某一时刻悄悄地改变你。喜欢读书的人，情感是丰富的，思想是活跃的，谈吐是睿智的，格局自然比那些不爱读书的人大很多。

走过的路，决定了眼界的宽度。

一个人眼里看到的世界，往往与他所走过的路有关。走过名山大川，踏遍万里江河，见识人生百态，一个人看待问题的角度与认知便会宽广一些。关于这一点，我们从下面这个小故事中，或许会有所启迪。

初秋，三个乞丐一边坐在草垛上晒太阳，一边做着白日梦。年老的乞丐说：要是有了钱，就全部拿去买吃的，把这辈子没吃过的统统吃个够。

中年乞丐斜眼看了下老乞丐说：没出息，就知道吃。有了钱，应该去买加厚羽绒服才对，这样冬天就再也不用担心被冻死了。

听完二人的话，小乞丐一边哈哈大笑一边说："瞧瞧你们这没出息的样子，有了钱就应该学会享受，花钱请保姆伺候。"

三个乞丐互相取笑，都以为自己的眼界是最宽广的，但其实也不过如此。如果一个人的眼界受到局限，他就如井底之蛙，看到的永远只有那一方天地，得不到进步。

这也是越来越多的年轻人宁愿在一、二线城市激烈的竞争环境中举步维艰，也不愿在四、五线城市安稳度日的原因。因为一、二线城市资源多、机会多、优秀人才多，生活在这样一个大都市，你会时刻想着要进步、要努力，成为一个优秀的、让人心生羡慕的人。不然，你甚至会觉得对不起这大好的青春年华。

眼界决定一个人的格局，如果不试着走出去，你就永远不会知道外面的世界有多精彩，甚至会误以为眼前所拥有的一切就是你的全世界。

见过的人，决定了你境界的高度。

人的一生，难免会遇到形形色色的人，正所谓"近朱者赤，近墨者黑"。一个人境界的高度，很大一部分来源于他所遇到的人。

如果身边的人思想迂腐，行为古板，久而久之，你也会沾染这样的习气；反之，如果你遇到的都是有文化、有素养的谦谦君子，你的个人层次也会不断提高。

遇到的人不同，传递的思想与看待问题的角度自然会不同，如此也就会造就不同的境界。可以说，一个人境界的高低将与他未来的发展前途息息相关、紧密相连。

受过的气，决定了你胸怀的广度。

人生不如意之事十之八九，如果凡事都斤斤计较，得理不饶人，你便每天都会有生不完的气，发泄不完的坏情绪。谁人背后不说人，即便你十全十美，也会有人羡慕嫉妒恨，无事生非，滋生事端。难道说泼妇大街上骂了你，你就要立马还回去？那此种行为与泼妇又有什么区别。就算你赢了，报复了对方，就能每天过得快乐吗？

既然如此，还不如忍一时风平浪静，退一步海阔天空，用一种豁达而宽广的胸襟看待身边的人和事。

提起胯下之辱，很多人都会想起韩信。但你知道胯下之辱是怎么来的吗？

早年的韩信，食不果腹，穷困潦倒。某天，他在街上遇到一群恶霸。恶霸看到韩信的腰间别了一把佩剑，便挑衅地说："今天你若有胆量刺我一剑，就让你过去，否则，你就只有从我的胯下钻过去，这样我就不为难你了。"

围观的人群都知道这群恶霸是故意羞辱韩信，不免有些替韩信担心。哪知道，韩信略微思索了一会儿，便从那恶霸的胯下钻了过去。顿时，在场的所有人纷纷嘲笑韩信没骨气，是个胆小怕事的窝囊废。

后来，韩信一战成名，做了大官，对于昔日羞辱他的恶霸，他不仅没有心生怨恨，反而以德抱怨，还让此人做了一个小官。众人不解，韩信说："昔日他辱我，我今日若杀他，岂不是变成和他当年一样的恶霸，冤冤相报何时了？"

有些人可能觉得韩信为了生存，所以才不惜受此大辱，其实他是心胸宽广，懂得隐忍而已。胸怀宽广的人，绝不会因为一时的荣辱就耿耿于怀、方寸大乱，他们目标明确、条理清晰，更懂得有舍才有得，会坚持不懈地朝着自己的目标勇敢前进。

一个人读过的书，走过的路，见过的人，最终都会形成一种气度与胸怀，影响着他的人生格局。心有大格局，才能站得高、看得远，在人生的不断历练中，拥有豁达而从容的人生格局，将自己的人生活得有滋有味。

突破舒适区，走出大格局

人生就像一条大河，看似平静，实则暗藏凶险，顺流而下是万丈深渊，只有逆流而上，才能发现精彩人生。从来没有真正舒适、安逸的生活，想要安逸，就必须先努力。

著名作家陈丹青曾在《退步集》中写道："不退步，就是进步。"的确如此，在这个信息科技时代，世界每时每刻都在发生变化。如果我们仍然慢吞吞地前行或是原地踏步，怎会跟得上时代的步伐呢？最终结果只能是会被社会无情地淘汰。

令人遗憾的是，生活中这种在停步中退步的人数不胜数，他们安于现状，不求发展，只知道安稳度日，待在自己的舒适区不愿出来。久而久之，他们的思想越来越狭隘，空间越来越小，当想要跳出来的时候，却发现为时已晚。

哪怕他们前三十年努力到小有成就，也会因为后三十年的停滞不前而将成果毁于一旦。因此，我们要学着突破自己的舒适区，改变思维模式，扩大格局。只有这样，我们才能在人生的长河中激流勇进，掀起朵朵浪花。

人都是有惰性的，没有人不喜欢舒适、安逸的生活，都想累的时候停下来休息片刻。可是，如果我们休息得太久，就会让思想产生惰性，长此以往，更依赖休息时的舒适感。那么，我们之前努力积累的能力、人脉以及壮志雄心，都将被这份安逸所吞噬。

"温水煮青蛙"的故事，大家应该都不陌生。故事中的青蛙享受着舒适的水温，在水里悠然自得，当它发现水温变高时，想要逃走，却发现心有余而力不足，直至死亡。

其实，生活中，许多人都像温水中的青蛙一样，他们有一个好的生存环境，有一份稳定的工作，过着安逸、舒适的生活，不需要为生活奔波，更没有什么压力。刚开始的时候，他们也曾积极努力，给自己树立了远大目标，也曾为了梦想而奋斗。但是，后来在舒适的环境中，他们慢慢变得满足，不再拼搏，每天朝九晚五例行公事，时间都留给了微博、朋友圈、抖音，在这样舒适的生活中，停滞不前。

时间就这样不经意地过去了。时间在前进，他们却没有跟上时代的步伐。如果他们一直停滞不前，未来他们又该何去何从？多年以后，他们要祈祷生活不要有任何意外，否则一旦舒适区遭到破坏，他们将无处可去，这就是长期待在舒适区的后果。

也许有人会说："难道追求舒适、安逸、稳定的生活有错吗？我想要的就是这样的生活。"可是，我们要知道，在这个瞬息万变的时代，哪里有绝对稳定、安逸的工作呢？"以不变应万变"的时代已经远去，现如今应对变化的最好方式不是不变，而是改变。唯有让自己不停变化，奋勇直前，才能在激烈的社会竞争中占有一席之地。

如今，社会竞争越来越激烈，稍不注意，就可能被别人取代。如果我们想要在竞争中保住地位，不被别人取代，必须树立危机意识。古人都懂得"生于忧患，死于安乐"，我们更应该如此，只有不停往前跑，才能超越其他人，成为最后的胜利者，不至于被他人取代。

我们要知道，任何一家公司都不会喜欢一个不求上进、故步自封的人。这就好比一台机器，如果它不能高速地运转，为公司带来效益，这台机器最终会被公司丢弃。因此，我们不能停下，还要加快自己的脚步，否则随时都会被他人取代，被社会淘汰。

除此之外，我们还要勇于迎接新的挑战，挑战那些我们一直不敢尝试的新事物，不断进步，获得新的成长机会。

当我们面对挑战的时候，才会有忧患意识，才能激起斗志，想办法努力改变现状。反之，舒适、安逸的生活，只会让我们放下戒备，消磨我们的斗志，使我们逐渐忘记梦想和追求，甚至忘记生存的本领，最终将被社会淘汰。

因此，我们不能安于现状，要突破舒适区，勇于向自己发起新的挑战，把挑战变成机遇，把压力变成动力，这样才能在挑战中不断进步，扩大自己的格局。

贪图享乐是人性的弱点，如果我们想要突破舒适区，首先要做的就是克服自己的惰性，激发潜能和奋斗意识。如果一个人长期从事某个行业，久而久之，可能会感到厌倦，每天按部就班地生活，让他渐渐失去激情，没了方向。此时，如果他还是安于现状，不主动出击，可能会永远陷在舒适区中无法自拔。

龙虾为了长出坚硬的外壳，让自己在自然界中变得更有实力，宁愿冒着被吃掉的风险，也要脱掉旧的外壳；寄居蟹为了一时的安逸，宁愿借助其他甲壳类动物的外壳作为安全屋，也不愿意脱掉自己的壳。殊不知，这种安逸的生活，只会让寄居蟹变得更没有安全感。

如果我们选择做龙虾，就要像龙虾一样鞭策自己，让自己不断成长、进步，这样才能创造出属于自己的安全屋。如果我们选择做寄居蟹，永远躲在安逸的舒适区，人生就由不得我们自己选择，只能被迫接受。

选择什么样的人生模式，取决于我们自己的想法和观念，不管最终结果是好还是坏，都只能自己去承担。如果你一直待在自己的舒适区，最终只有两条路可供选择：一条是需要付出更大的努力和艰辛才能勉强前行；另一条则是被顺流而下的水冲下悬崖……

人只有在风雨和困难中才能激发出奋发的潜能，这是自然生存的法则。如果一个人一直都处在一帆风顺的环境中，很早就功成名就，那他很可能就会忘记居安思危、未雨绸缪，在贪图享乐和安逸的日子中迷失方向和目标。

要想适应瞬息万变的时代，就要突破舒适区，接受社会给我们的洗礼。

不同寻常的眼光，造就不一样的人生

有时候，我们不得不承认，做大事的人，他们的眼光确实不同寻常，因为他们的眼光会更长远、更敏锐、更独特。正是因为他们拥有不同寻常的眼光，才使得他们在做事的时候，能更好地预测和把握事情发展的趋势，做好万全之策。正是因为他们拥有不同寻常的眼光，才造就了他们不一样的人生。

当然，这里所说的眼光，并不是单纯地指人们眼里看到的事物，而是指他们用自身的人生经验、学识、胆识和格局，来观察周围的一切，并迅速做出判断和预测。

这就是为什么同样一件事情，不同的人所看到的东西完全不一样。原因不在于事情本身，而在于看事情的人拥有不一样的眼光。

通常情况，我们可以通过一个人的选择看出他的眼光，因为眼光是决定的前提。这里的选择，既包括看人的选择，也包括看物的选择，可以说大到人生抉择，小到吃饭穿衣的选择，无一不包含人的眼光。

俗话说："读万卷书，行万里路，识万种人。"只有当我们拥有一定的学识，积累一定的阅历后，才能利用积累的知识和阅历更好地识人。这里的识人，也指看人、看物的眼光。

不难发现，那些做大事的人的身边，通常会有一群出类拔萃的人，他们一起出谋划策，共商大计。所以，要想成大事，必须先拥有不同寻常的眼光，这样才能用敏锐的眼光发现志同道合的人，共谋大事。

做大事的人，一般拥有敏锐的眼光，高超的洞察力、分析力和判断力，能快速地分析事物发展的趋势，然后做出最适合事物发展的决定。

比如，一个有眼光的人在搭配衣服的时候，会在脑海中快速地收集与颜色有关的信息，然后通过对个人整体的判断和将要出席的场合，做出最佳搭配。

再如，一个古董商想收藏一个古董，他必定要先了解这个古董，然后再根据市场行情和未来升值空间，对这个古董做出预测，最后才会决定是否购买。

如果我们想拥有不同寻常的眼光，就要不断学习，丰富学识，提高洞察力、分析力、判断力以及把握全局的能力。在日常生活和工作中，多从不同的角度思考问题，拓展思路，丰富经验，这样才能练就出敏锐的眼光。

当然，这不是一朝一夕就能实现的，是一个漫长积累的过程，只有积累到一定阶段，才能实现量到质的飞跃。

李俊有一个学长，特别有眼光，无论做什么都比别人做得好。他的人生如同开挂一样，事事顺遂。大学毕业后，学长进入一家知名企业做销售，因为眼光独到，工作能力强，短短几年后，就坐上了销售总监的位置。

每次学长都能在业务谈判中通过观察和分析，判断出对方的喜好和真正的心理需求，然后通过自己的方式承风希旨，最终达到签约的目的。

有一次，李俊从云南旅游回来后与学长一起吃饭，闲聊中，学长说起了一件工作上的烦心事。李俊打趣道：“天啦，还有大神搞不定的事，说来听听？”

学长说：“这次真的很奇怪，主办方的负责人竟然没有任何破绽。我试图从各个渠道收集信息，但得到的结果都是一样的。这个负责人非常低调，没有什么偏好，除了喜欢穿白色的衣服，就是喜欢吃生肉，我真的是毫无头绪。”

因为不了解对方的情况，学长显得有些焦虑。为了缓解学长的焦虑，李俊向学长说起自己在云南旅游的趣事。

原来，李俊的这次云南之行让他有幸结识了一位当地的白族人，对方不仅热情友善，免费为他做向导，还留他在家里吃了一顿饭。走的时候，李俊还与对方合影留念。说着，李俊拿出手机让学长看照片，然后说：“虽然当天我吃的饭菜是他们白族人的最高礼遇，可我还是没吃多少，因为大部分是生肉，我吃不惯。”

学长听到李俊的话，顿时恍然大悟，茅塞顿开，吃过晚饭后，就匆匆与李俊道别了。

这件事没过多久，李俊接到学长的电话，说要请他吃饭表示感谢。他很诧异，因为他最近没给学长帮过忙，后来在交谈中才明白：原来，上次吃饭的时候，学长通过李俊的话大胆猜测主办方可能是白族人，于是回去后好好研究了白族人的文化，然后用白族人喜欢的菜式，热情地款待了主办方，最后成功签约。

其实，这些人之所以比我们更容易成功，是因为他们拥有不同寻常的眼光，总能从普通的人、事、物上，发现不一样的东西，然后在最短的时间内找到最好的解决办法。每个人、每件事的特征都是不一样的，我们要做的是利用毕生所学从各个角度去观察、判断，用不同寻常的眼光看待问题，这样才能造就不一样的人生。

气度决定格局

有这样一个有趣的故事：

一位果农培育了品种繁多的各色水果，尤其是他种的西瓜每年都能获得“西瓜评比大赛”的冠军。出于好奇，记者采访时问道：“您的西瓜为什么每年都能脱颖而出获得冠军呢？”果农说：“因为我用心播种，用心栽培，乐于分享。”

一旁的果农听了，满脸不高兴，反问道：“你敢说你分给我们的种子和你地里的是一个品种吗？如果是这样，为什么你每次都能得第一，我们却一次都没有？”

果农淡定地回答：“种子自然是一样的，只是心态问题。我乐于分享，所以地里的西瓜苗不会受到其他品种的影响。但你们就不同了，因为不懂得分享，自家地里的西瓜苗就会受到隔壁地里不同品种的影响，口感与品质也会大打折扣！”

这就是气度。农夫无私分享了自己的种子和经验，不断提高栽培技术，从而收获了高品质的西瓜。但其他人藏着掖着，害怕别人地里的收成超过自己，以至于一样的种子种出不同品质的西瓜。

越想拥有就越容易失去，越计较成败结果就会越失望。生活有时候仿佛故意刁难我们一样，你向往一帆风顺的平坦大道，可前方偏偏荆棘密布，但当你放下执念，换种心态上路，就会发现，路途豁然开朗，一片光明。

为什么会这样呢？因为乌云遮住了太阳，嫉妒蒙蔽了心智，让你看不清事物的本来面目。这就是一个人胸怀的显现。心胸宽广，对待身边的人和事才会像获奖的果农一样，懂得分享的重要性。只有虚怀若谷，不争不抢，笑对生活，你才能沉着冷静地应对各种挫折与磨难，包容身边的人或事。

一个胸怀宽广的人，绝不会着眼于身边那些鸡毛蒜皮的小事，更不会阿谀奉承地去拍他人的马屁。他们懂得分享的快乐，知晓有舍才有得，更明白投桃报李、互惠互利。他们心胸开阔，不以物喜，不以己悲，敢于面对生活的种种困难与挑战。所以，他们更容易得到他人的尊重与爱戴。

那些心胸狭窄的人，则和故事中的另一个果农一样，别人给予你帮助，你却怀疑对方的真诚，甚至抱怨身边的人不是真心帮你。这样的人，斤斤计较，小肚鸡肠，总想着将自己的利益最大化，费尽心思，把时间浪费在一些微不足道的小事上，却不知是捡了芝麻、丢了西瓜，因小失大。

有位名人曾说："气度是一种胸襟和风度，一个人的气度决定了他精神和事业的高度。"心胸宽广、拥有大气度的人，他们外圆内方，无论何时何地，都不会被情绪所左右，不管顺境、逆境，都能坦然面对、泰然处之。

很多人认为，一个人心胸的大小与他的身份、地位有关。其实不然，胸怀、气度的大小，与身份、地位、学识没有多大关系，它所关乎的是一个人的品德与修养。就如一个高学历的人，可以利用他的学识得到一份体面的工作，但在为人处事上，如果他心胸狭隘、自私自利，也不会得到同事的喜欢与上司的赏识，更容易错失提升的机会；反之，一个人若心胸宽广，具有容人之量，即使是在平凡的岗位上，也能获得他人的赏识与提携。

提起曹操，很多人都听说过他的事迹。之所以他能成就一番伟业，源自他豁达的胸襟与宽广的气度。当年，刘备投靠曹操，逐渐暴露了他的野心，而这对曹操成就帝王伟业来说，无疑是多了一个强有力的对手。当曹操手下谋士程昱、郭嘉力谏杀了刘备，以免养虎为患时，曹操却说："刘备是一个不可多得的人才，不能杀。"

得有多大的胸襟与气度，才能容得下竞争对手在自己的眼皮子底下做事，甘愿放弃铲除对手的最佳时机？从这件事中不难看出曹操的容人之量，比海之深、比天之宽。

心胸宽广的人，从来不会为了一己私利就伤害他人，更不会因为他人的挑衅与刁难就心生怨恨，报复他人。他们从不会把自己的时间与精力浪费在一些无关紧要的事情上，知道什么是对自己最重要的，所以他们与世无争，活得开心、快乐。

正所谓"一念天堂一念地狱"，天堂与地狱的差别，往往就在于一个人胸襟与气度的体现。若心胸宽广，不斤斤计较，对待身边的事物能大事化小、小事化了，得饶人处且饶人，你便能通往幸福的天堂，看见最美丽的风景；但如果非要争论输赢对错，太过较真，注重得失，你不仅要面临地狱般的痛苦与折磨，还会将自己的生活弄得一团糟

法国作家雨果曾说："世界上最广阔的是海洋，比海洋更广阔的是天空，比天空更广阔的是人的胸怀。"只有胸怀宽广，笑对生活的得与失，你才能见识最美的风景，收获最成功的未来。

人生需要拿得起的勇气，更需要放得下的胸怀

有的人天生豪爽，潇洒豪迈，自然拿得起，也放得下；而有的人总是畏首畏尾，犹豫不决，毫无主见，自然拿不起，也放不下。其实，说到底这都是因为胸怀与格局造成的。如果一个人的胸怀宽广，他的格局自然大，而格局又决定了一个人的结局，因此只有真正拿得起、放得下的人，才能掌握自己的人生，成为人生赢家。

生活中，每个人都会遇到挫折，如果我们一直选择逃避，怨天尤人，将永远都无法走出困境，更不可能闯出一番事业。

有朋友想与我们合伙开公司，可我们畏首畏尾，担心是个赔本买卖，不敢应承，结果朋友赚钱赚到手软，而我们依旧只能混个温饱；领导有意栽培，想让我们接手一个大项目，可我们却害怕遇到难题，委婉拒绝了领导的好意，结果其他同事接手，不仅漂亮地完成任务，还因此升职加薪，而我们依旧只能拿着微薄的工资养家糊口。

有些人在面对挫折和困难的时候总是喜欢退缩，因为在他们的眼中，挫折和困难就像“洪水猛兽”一样可怕，唯恐避之而不及；有些人则认为，挫折和困难只是一个个心魔，只要拿出勇气，勇敢面对，就会发现它们并没有想象中的那么可怕。

生活中，还有一些人总是执着一些本不该执着的东西，纠结一些不必要的小事，使自己的生活变得痛苦不堪。殊不知，让他们痛苦的原因是他们不懂得放下。唯有放下，才能看到真正的自己，过得更快乐。

有位哲学家说过：“一个人，越是有许多事情能够放得下，他就越是富有。”那些让人放不下的人和事，就让它们随着时间的流逝而慢慢消失吧！正所谓“厚德载物”，当我们学会放下的时候，胸怀才会更宽广，才能容纳更多的东西，看清事物最真实的一面。

那些整天愁眉苦脸的人往往不是胸怀不够开阔，就是太过偏执。他们总是喜欢沉浸在自己的痛苦中，既放不下过去，又抓不住现在，这样只是自寻烦恼罢了。

位于太平洋布拉特岛附近的水域里，生活着一种奇特的鱼，叫王鱼。王鱼本身没有鳞，但有的王鱼为方便捕食，会吸引一些小动物，然后黏住它们，毫不费力地把它们的营养吸干，然后把已经干瘪了的小动物的尸体变成自己的“鳞片”。有“鳞片”的王鱼，通常会比没有鳞片的王鱼至少大四倍。

但是几年之后，有 “鳞片”的王鱼，身体机能开始衰退，“鳞片”开始慢慢脱落。虽然它们也试图挽回，但显然不起作用，最后这些“鳞片”会全部脱落，回到原本的样子。

失去“鳞片”后的王鱼很痛苦，它们失去的不仅仅是保护自己的盔甲，更重要的是无法适应没有“鳞片”的生活。由于追不上小鱼，它们经常挨饿，变得越来越狂躁。在绝望的挣扎中，王鱼会选择自残。它们会故意撞击水中岩石或者其他鱼类，最后不是自残死掉，就是被其他鱼吃掉。死后的王鱼全身红肿，到处是伤，看着特别凄惨。

其实，如果王鱼懂得放下，就会获得重生，像以前没有鳞的日子一样自由自在地生活，结局就会完全不一样。

生活中，许多人如王鱼一样，只懂得拿起，不懂得放下。钱财和名誉确实能让人变得威风凛凛，但这些东西不是永恒的，终有一天会离我们远去，为什么我们不能用豁达的胸怀看待生活呢？

拿得起，放得下，谁都会说，可没有几个人能真正做到，尤其是在关键时刻，懂得放下的人更是不多。

虽然生活中确实有许多放不下的东西，但这些东西很可能会让我们身心俱疲，甚至变成生命的累赘。那些放不下的东西，不外乎一些身外之物，当我们看透了，自然就会放下。

人生旅途中，我们会遇到许多心仪的“宝贝”，也许是金钱、名誉，也许是爱情、快乐，又或者是烦恼、痛苦。琳琅满目的“宝贝”让我们眼花缭乱，总忍不住把它们装进口袋。可是越往前行，口袋越重，甚至还可能威胁自己的生命。

此时，我们要做的是放下口袋里的“宝贝”，这样才能轻装上阵，继续前行。当然，放下的过程很艰难，但当我们把烦恼、名利、痛苦都放下的时候，会发现自己越来越轻松，越来越快乐。

人生需要拿得起的勇气，更需要放得下的胸怀。人这一辈子不会永远前途坦荡、阳光明媚，我们要在不断的得到和失去中成长。当我们面对生活中的风雨和诱惑时，如果总是犹豫不决，拿不起，也放不下，就只能一事无成。

我们一生所有的得失最终会如过眼云烟，消失殆尽，正所谓“昨日之日不可留”。放下过去，迎接新的生活，才是对自己负责。未来的日子里，愿我们能真正做到：“不乱于心，不困于情，不畏将来，不念过往。”愿我们的一生，既有拿得起的勇气，又有放得下的胸怀。

独具慧眼，开启极致人生

生活中，我们经常听到这样的话：

“XXX眼光真好，买的衣服很符合她的气质，穿着很漂亮。”

“XXX眼光真好，他购买的股票一直在涨。”

“XXX真是有先见之明，早早就做好了准备，不像我们这样慌乱。”

……

当身边的朋友、同事因为眼光独到而快人一步、提前享受美好成功时，我们是否心生羡慕呢？说到这，我们先来看一个小故事：

一位女孩弹钢琴的时候，把她新买的手机放在钢琴上，她的同学看到后说：“显摆给谁看呢，故意把手机放上面。”

女孩笑着说：“我弹着五十万的钢琴，你的眼里却是只有八千的手机。”

女孩的妈妈对女孩说：“你住着一千万的别墅，眼里却只有五十万的钢琴。”

女孩的爸爸对妈妈说：“你有一个身价二十亿的老公，眼里却只有一千万的别墅。”

虽然这个故事很夸张，但毫无疑问，一个人看事物的眼界决定了他的格局。眼界包括眼光与境界，二者相辅相成，一个人的眼光有多好，境界就有多高，眼光和境界共同决定一个人格局的大小。

当航海家麦哲伦决定环球航行时，许多人不看好，劝他说：“你这是何必呢，好好的生活不要，非要去海上……”其实，规劝他的人也没有错，都是为了他的安全着想，因为他们不明白航行的意义。哪怕最后麦哲伦成功地完成人类首次环球航行，对目光短浅的人来说，也没有任何意义。

不管是在生活中还是在工作中，眼界都非常重要，因为眼界决定格局，只有目光长远、眼光独特的人，才能看到别人看不到的地方，规避可能会出现的风险，拥有广阔的未来。只有独具慧眼，才能开启极致人生。

古往今来，独具慧眼的人大有人在。例如，孔子独创儒家思想，以“修身齐家治国平天下”为思想精髓，提出一套系统的治国思想理论；牛顿因为掉落的苹果提出“万有引力定律”，奠定了现代工程学的基础；范仲淹的“先天下之忧而忧，后天下之乐而乐”，这种舍小家，顾大家的思想，对后世影响深远。

与他们形成鲜明对比的，则是那些眼界狭隘、目光短浅的人。他们只着眼于眼前利益，计较眼前的得与失，所以目光短浅的他们，难以获得成功。就像经过几代人半个世纪的奋斗，在国产乳制品行业排名靠前、创造多项奇迹，并被世界品牌实验室评选为中国500个最具价值品牌之一的“三鹿集团”，本来前途一片光明，后期却利欲熏心，贪图眼前的一时之利，在奶粉中掺加三聚氰胺而引发“毒奶粉”事件，最终导致集团破产。

这便是眼界的不同。为了眼前的蝇头小利而做出损人不利己的事，最终只会搬起石头砸了自己的脚，实在是因小失大、得不偿失；反之，若能眼界宽广，独具慧眼，你便可以先人一步，踏上成功的捷径，提早享受胜利的喜悦。

相信很多人有过双手生冻疮的经历，一到冬天，风邪入体，有的人的手便红肿得像包子一样，瘙痒难耐，还不得用手去抓，不然就会破皮流脓，不仅做事十分不便，还影响美观。

对现代社会来说，冻疮膏是极其普遍的一种药膏，但在古代，却是非常稀罕的一味药。某个村庄，仅有一户人家才拥有防冻疮的秘方，并以此维持一家人的生计。

一天，一位路人从这个村庄经过，偶然得知了这个消息，觉得这是一件稳赚不赔的买卖，于是便向拥有秘方的那户人家提出，要以重金求购秘方。看到手中的秘方可以换到够他们花大半辈子的钱，那户人家便爽快地答应了。

当时，正值烽火连连的多事之秋，很多地方一年四季都在打仗。这个路人便拿着这个秘方去了军营，并告诉领兵的将军，只要在寒冬腊月向敌军发起战争，有此秘方保驾护航，定能一举成功。将军听了心中大喜，便按此人的计策发起进攻，果然大获全胜。献秘方之人不仅由此获得赏金千两，更是成为将军的座上宾。

同样的秘方，只不过手持秘方的人眼界不同，最终发挥的作用也不同。普通人手持秘方只是为了维持温饱，而路人却利用秘方为自己带来享之不尽的荣华富贵，这便是眼界不同带来的天壤之别。

众所周知，苹果公司之所以能有今天的辉煌，创造出麦金塔计算机、iMac、iPod、iPhone等一系列风靡全球、深受人们喜爱的电子产品，离不开创始人乔布斯的先见之明。早期步入电子行业之时，乔布斯就对消费市场有了自己独到的见解，并以此改变了现代通信与电子数码产品的存在方式，也让苹果成为一个具有传奇色彩的公司。

由此可见，眼界对于一个人至关重要。只有眼光独到，看待事物时才会更精准，更具正确性。但不可否认，一个人眼界的长短，一定要以事实为依据，量力而行，切不可好高骛远、信口开河。只有以己之长补己之短，不断提升内在与修养，你的慧眼才能让人心生羡慕，成为帮助他人拓宽视野、提升品位与眼光的最佳帮手。

只有放开视野，勇敢跳出坐井观天的思维方式，你才能发现生活的美好，抓住机遇，展露才华，在广阔的天地间成就自己的人生伟业！

格局有多大，未来的世界就有多大

有次，王健林在做客鲁豫主持的节目《鲁豫大咖一日行》时，说过这么一句话："先定一个小目标，比方说我先挣它一个亿。" 当普通人听到这句话时，不免为之震惊，小目标就是一个亿？什么概念？就算一辈子拼死拼活不吃不喝，也绝不可能赚到，可是一个亿对王健林来说，却只算是一个小目标。

这个关于目标的话题，很快便在网上引起热议。网友们纷纷调侃，自己也要先定一个小目标，比方说在市中心买套房、出国旅游、做大老板等。不过，调侃归调侃，当一切趋于平静，你就会发现，自己的目标与他人的目标还是存在一定的差异的。

差异之所以存在，其实就是来源于人们对待事物的认知和想法的不同。目光看得长远，对待事物的整体认知水平也就更全面深刻；目光短浅，眼光就会狭隘，做起事情来就会瞻前顾后、畏首畏尾，思想与行动上皆受局限。

好比天桥下衣衫褴褛、行为邋遢的乞丐，对于来来往往衣着光鲜、干净整洁的人视而不见，却整天盯着那些比自己"生意好"的人，甚至不惜为了抢夺地盘而大打出手，如此眼光与胸怀，除了做乞丐，恐怕也做不了其他的。

一个公司小职员，因为学历不高，所以收入不多，在日常生活开销上，便整天盘算着如何精打细算才能过日子，如何省钱才能攒钱，于是便尽可能利用晚市或商家活动促销时购物。久而久之，小职员的眼里便被这种占便宜的心理占据，根本无暇考虑怎样提升自己的能力来增加收入。长此以往，小职员在事业上估计也很难有所成就。

不同的人，看待事物的眼光与想法不同，最终的人生格局也完全不同。正所谓心有多大舞台就有多大，你的格局有多大，未来的世界就有多大！

如果把栀子花的种子放到普通大小的花盆里作为盆景来栽培，即便施以再好的营养，也只能长到四十厘米左右的高度；但如果把它放到一个特制的大花盆里，它就会长到一米左右；如果把它移栽到大自然的土壤中，它便能长到三米以上。

你看，同样都是栀子花，生长环境不同，结果便有明显的差异。这不正和做人的道理一样吗？只有心胸开阔、目光长远，才能站得高、看得远，事事洞悉先机，快人一步，取得成功；如果鼠目寸光，思想上就犹如井底之蛙，只会坐井观天，永远不知道外边的天地有多宽、多广，于是停滞不前，不思进取，最终碌碌无为，耗费光阴。

小李大学毕业后便进入一家公司做实习生。由于勤奋努力，踏实肯干，五年之后，便当上了车间主任。家人为此欣喜不已，小李也觉得苦日子熬出了头。

有次同学聚会时，聊起目前的现状，有位已经当了老板的同学提点他，说：“老同学，以你现在的资历，想要自立门户当老板，完全是小菜一碟！”听到这话，小李心中泛起涟漪，当时恰逢“下海”创业的高峰期，形势一片大好，身边的一些同学与朋友都选择了创业，当起了老板。

聚会结束后，小李回家与老婆商量这事。结果，他老婆听完之后，连连摆手说：“目前这样不是挺好的吗？万一创业失败了，怎么办？搞不好鸡飞蛋打，还会丢失这来之不易的成功。”

禁不住老婆的枕边风，小李便打消了创业的念头，继续安于现状，做着他的车间主任。一年又一年，转眼十年过去了，厂里也招收了很多年轻人，吸收了很多新鲜血液，小李也变成了老李。不久，厂里进行人事变动，老李由于不能胜任目前的工作，车间主任的位置被他人取代。愤懑不平的老李十分生气，觉得老板过河拆桥，有了新人忘了旧人，但不管他怎么抱怨，这一切已是无法改变的事实。

时光荏苒，岁月如梭，如果你不朝着远大的目标前进，只盯着眼前的一点小小成就，把自己的未来局限在狭小的空间里，终有一天，长江后浪推前浪，前浪会被后浪拍倒在沙滩上，最后被这个社会抛弃。试想，如果小李当初对自己的职业生涯有一个清晰而明确的规划，对生活有所追求，也许十年之后他便成了老板，决定别人的去留。

如果把人生比作放风筝，你的思想与眼光便是牵引风筝的那根线，放了线，风筝才能自由翱翔，广阔天空任其飞。人也如此，当你跳出狭小空间走出去，就会发现只要你愿意，脚下的土地随时都可以成为施展抱负的舞台。

目标的大小，对一个人的影响是深远的。很多人由于害怕失败，遇到困难挫折就选择逃避，甚至觉得有些目标是不可能实现的。那些目标明确的人却恰恰相反，他们有远见、有抱负，懂得把不可能变成可能，敢想敢干，清楚地知道自己的需求，所以沉着冷静，积极应对，朝着自己的目标努力前行，最终守得云开见月明，迎来成功。

辑二
你最高级的投资，就是投资自己

只要我们肯努力，愿意努力，以后的每一天都会好过前一天，未来也会朝着自己理想中的样子发展。就算所有的努力没有立刻得到回报，我们也要一如既往地努力，因为这个世界最不会贬值的投资，就是我们所付出的努力。

与其羡慕别人好运，不如学习别人努力的过程

卞之琳写过一首特别著名的诗《断章》：“你站在桥上看风景，看风景的人在楼上看你。明月装饰了你的窗子，你装饰了别人的梦。”

人就是这么奇怪，明明自己才是人生的主角，却偏偏把自己变成给别人做陪衬的配角。不停地与别人比较，既羡慕又嫉妒，总认为别人之所以幸福，只不过是因为比自己运气好。于是，在这样的比较中，我们逐渐迷失自己，找不到人生的方向。

可是，这个世界上哪有十全十美的人，那些光鲜亮丽的背后，都隐藏着不为人知的努力和付出，只是我们没有看到而已。当我们羡慕别人的时候，说不定也有其他人正在羡慕我们。

现如今，最让人心生羡慕的地方应该就是朋友圈了。看着朋友圈里的人，个个都光鲜亮丽，不是晒美食，就是旅游；不是赤裸裸地炫富，就是有意无意地晒名牌。再来看看我们自己的生活，差距不是一般的大，除了心生羡慕外，还会在心里抱怨，为什么别人能轻松地拥有一切，而自己却累得半死，只能混个温饱？想出去旅游，想买名牌，想做的事太多，可只能是想想，因为没有钱，这一切都只是空想。

其实，朋友圈的那些人未必是真的春风得意。要知道，如今的朋友圈到处都是“照骗”，一不小心就会被表面现象所迷惑，你又怎么知道那些开心的背后没有心酸与劳累呢？你又怎么知道别人不是把最

好的一面展现在众人面前，然后背地里哭泣呢？你又怎么知道别人真实的生活到底是什么样子呢？所以，我们没有必要羡慕别人的生活，更没有必要嫉妒，因为一个人最好的修养，就是不攀比、不羡慕、不嫉妒。

成功与幸福从来不是依仗外在的皮囊，更多的是依靠自己的能力。再光鲜亮丽的外表，都不如实力来得重要。如果我们拥有足够的能力，就不必再羡慕别人的好运，因为我们就是最美的风景。

有些人觉得自己之所以事事不顺，没有获得成功，是因为没有好的运气，没有贵人相助，总以为如果能像别人一样好运，人生自然会事事顺遂，心想事成。殊不知，这种想法本身就是错误的，因为好运气并不能让我们事事顺遂，只有不断努力，提高自己的能力，才能更有底气，笑对生活。否则，就算我们拥有令人羡慕的外表，也会因为没有底气而坏事。如果我们不懂得学习别人努力的过程，只知道羡慕别人的好运，就永远成不了其他人羡慕的对象。

Amy是一个中俄混血儿，长得非常漂亮，大学还没毕业就拿到钢琴十级证书。可是自从她大学毕业后，就再也没有努力了。工作后的Amy，从不积极主动地学习，工作能力也不突出，可是却很自以为是，认为自己很漂亮，整天都在做白日梦。

Amy非常讨厌公司的玲玲，认为玲玲文凭没有自己高，更没有才气，之所以职位比自己高，完全是靠运气。于是，她整天在办公室吹嘘，说自己要是有那样的好运气，说不定职位会更高。

其实，同事们都看得出来，Amy并不是真的讨厌玲玲，而是羡慕、嫉妒甚至想要变成她，所以才说出那样的话。但是她不知道的是，玲玲只要有空余时间，就主动学习各种课程和技能，不断充实自己，提高自己的能力。因此，玲玲的成功不是如她看的那样只凭运气，靠的是能力。

与Amy关系要好的同事劝她要正确看待问题，并对她说："如果你认为自己的运气没有别人好，就应该付出更多的努力，与其羡慕她的好运，不如学习她努力的过程，这样才能让自己也变成别人羡慕的对象。"可Amy却听不进同事的劝告，依旧我行我素，不思进取。

其实，生活如同时间一样对每个人都是公平的。你付出多少，最终就会得到多少；你的能力有多少，成功的希望就有多少。就算你侥幸获得一次成功，最后也会因为能力不足而露馅，到时我们又该如何收场？因此，羡慕别人好运不如努力学习，提高自己的能力，只有这样才有资格让别人仰慕、羡慕。

但是能力的提升，不是一朝一夕就能完成的，这需要时间和经验的积累。因此，我们不必事事羡慕别人，只需要一步一个脚印慢慢积累，将自己所有的努力都汇聚起来。这样终有一天，我们的付出会得到应有的回报，也会变成让人仰望的对象。

有的人步履匆匆，总是盯着别人的光环，以至于忽略了自己身上的闪光点。要知道，每个人的想法不同，人生目标当然不同，不要总是羡慕别人的生活。当我们羡慕别人没有家庭烦恼的时候，也许对方也在羡慕你家庭幸福；当我们羡慕别人满世界出差的时候，也许对方也正羡慕你朝九晚五。

"梅须逊雪三分白，雪却输梅一段香。"每个人都有优点，当我们看到别人光鲜的外表时，不要一味地羡慕别人，而应该看到别人真正的优点，学习别人努力的过程，把羡慕变成前进的动力，这样才能变得越来越优秀，活出精彩的自我。

我们羡慕别人学识渊博的时候，应该放下手机，拿起书本，提升学识；当我们羡慕别人拥有苗条的身材、傲人的马甲线时，应该放下零食，并制订一个健身计划；当我们羡慕别人升职加薪的时候，应该关掉娱乐八卦的网页，认真做好每一天的工作。

如果我们只是羡慕，却不愿意改变，那么将永远停留在原地。如果我们能在羡慕的同时，努力提高自己，就将变得更优秀。

与其羡慕别人的好运，不如学习别人努力的过程。只有不断努力、学习，才能提高自己，变成别人仰望的对象。

最不会贬值的投资，就是你的努力

在这个世界上，没有人能准确预测自己的未来，虽然我们所付出的努力不一定能马上就得到回报，但只要我们努力一天，明天一定比今天好，哪怕最终没有达到预期结果，总比没有努力要强百倍。

张财富是村里的泥瓦匠，因为手艺很好，所以村里人经常请他建房，每次他总会把建完房子不要的断砖、烂砖捡回家，少的时候一两块，多的时候五六块。有时候，他在路边看见大一点的石头、砖块，也会一起带回家。

渐渐地，他家的院子里就堆积了许多大大小小的砖块、石块，他的妻子不明白他为什么要捡这些没人要的破烂，只觉得他把好好的院子弄得乱七八糟，为此，妻子没少吵他。村里其他人都在背后偷偷嘲笑他，说他是个捡破烂的，而张财富从不把这些风言风语放在心上，依旧每天捡砖块。

有一天，张财富在自家院子里寻了一块空地，量好尺寸后开沟挖槽，他的妻子问他又要折腾什么，他笑着对妻子说："我要建一间小房子。"

几天过去了，张财富竟然用那堆烂砖头建了一间四四方方的小房子，漂亮极了，不仅没有影响院子的美观，还增加了院子的实用性。接着，他又把原先在露天到处乱跑的两头猪赶了进去，然后把院子打扫得干干净净，种上了一些绿植，结果村里人都非常羡慕他家漂亮的院子和精致的猪圈。

从一块烂砖到一堆烂砖，从一堆烂砖到一间猪圈，张财富很好地向我们证明了做成一件事的秘密。原本一块烂砖没什么用，一堆烂砖也没什么用，可如果心中有一个造房子的梦，再加上为实现梦想而做出的努力，一切都会实现。如果心中只有梦想，没有为梦想付出努力，一切就只是一场梦。

不管做什么事，我们都要在做之前问自己两个问题：一是我们做这件事的目的是什么，因为如果没有目的，盲目做事，就像捡了一堆没用的砖头一样，只会堆在那里，不仅不能把砖头变成房子，反而浪费了自己的生命；二是我们究竟需要付出多少努力才能完成这件事，换句话说就是，要捡多少砖头才能建一间房子。做到心中有数，才能更好地达成目标。

只要能解决以上两个问题，剩下的就是需要我们有足够的耐心，因为砖头不是一天就能捡够的。

刘皓高考失利后进入了一所很一般的大学，虽然现在的他并不认为自己的学校有多差，但当时的他确实是这样想的，因为离他理想中的大学相差甚远。在他报到后的半个月内，他就想明白了一件事：如果他想证明自己是高考失利，就必须先证明自己足够优秀。优秀不是靠说的，而是要靠实力、努力，当然还有吃苦的精神和卓越的眼光。

当他明确了自己的目标后，就开始为之付出努力。他没有时间像其他同学一样打游戏、谈恋爱、抱怨，而是把所有的时间都留给了写作。他从小就很喜欢文学，而且作文写得还不错，所以他开始根据自己的目标努力学习写作。虽然刚开始写的文章确实没有什么文采，但是他并没有放弃，几乎每天都泡在图书馆，大量阅读文学方面的教材和书籍。终于，在他大学毕业的时候，凭借自己丰厚的文学写作功底，找到了一份梦寐以求的工作。

其实，从刘皓的身上我们看到，只要你肯努力，愿意努力，以后的每一天都会好过前一天，未来也会朝着自己理想中的样子发展。就算所有的努力没有立刻得到回报，你也要一如既往地努力，因为这个世界上最不会贬值的投资，就是你所付出的努力。

有些人虽然知道这个道理，但是他们认为，未来是无法预测的，害怕自己的努力换不来回报，所以选择走一步算一步。其实，未来本不需要我们判断，只需要我们用现在的努力去打造。有人说瞄准目标、确定梦想就好比谈恋爱，当我们认准一个人的时候，会充满信心和希望，觉得浑身都是力量，使出浑身解数，就会与其交往，这就是努力的意义。

还有一些人，明明自己喜欢的是某一个专业或某一份工作，可因为现实的种种原因，最终不得不与自己的理想背道而驰。于是，他们陷入迷茫，不知道该如何是好，不知自己是否继续努力，害怕自己的努力变得没有意义。

其实，绝大多数人面对这种问题时，需要的不是努力的方法，而是想知道一条成功的捷径：怎么不努力就能得高分，怎么不努力就能拿高薪，怎样做才能活得更舒服。

然而，这个世界上没有捷径，最好的结果往往是因为付出了最大努力，只有经过不断尝试，才能找到属于自己的努力的方法。时间对所有人都是公平的，没有给谁多一点，也没有给谁少一点，不要总抱怨时间不够，你不妨回想一下，自己是否为此付出过努力。

所以，不要再抱怨了，从现在开始为自己定一个目标，做一个切实可行的计划，努力实现目标。从现在开始，行动起来，为了心中的目标而努力。其实，造好心中的“房子”并不难，只要日复一日地为了心中的“房子”而努力，总有一天，你会把所有的努力凝聚成一栋美丽的房子。

善待自己，累了就给自己减减压

如今，在这个优胜劣汰、适者生存的社会中，竞争越来越激烈，我们想要脱颖而出，就必须付出更多的努力。每个强颜欢笑的面孔背后，都隐藏着巨大的压力，这种压力使得人们身心疲惫，久而久之，我们就会产生各种各样的负面情绪。如果压力不能得到很好的释放，就会对我们的生活、学习和工作产生不良影响。

其实，压力是一种现代社会普遍存在的现象，每个人都有。比如，中学生有学习的压力，毕业生有就业的压力，单身的人有被催婚的压力，结婚的人有购房的压力，中年人有事业与家庭的双重压力……如果一定要找出没有压力的人，应该如大海捞针一样困难。

虽然压力确实给我们带来一定的负面影响，但如果我们没有压力，生活就会失去动力；如果没有压力，我们的思想和行动就会松懈；如果没有压力，我们就会停滞不前，失去奋斗的激情与斗志；如果没有压力，我们可能会一事无成。这样看来，压力并不完全是一件坏事。

俗话说："生于忧患，死于安乐。"这不是没有道理。只有忧患，才能让我们有危机意识，促使我们积极进取，成就更好的自己。

当然，压力也分大小。如果一个人长期处在超负荷的压力下，他的精神和身体可能会出现异常。这就好像一根负重的弹簧，长期绷得太紧，反而会让它失去弹力，人也是一样。

太多的压力会导致我们心情烦躁，在这样的情绪下，就会对生活和工作失去信心，轻则会给自己的生活带来影响，重则可能会造成无法挽回的错误。所以，当我们感觉到累时，不要压抑自己的情绪，而要合理地宣泄压力，缓解心情，才能让自己变得更轻松，在人生的道路上走得更远。

刘钊最近跳槽了，换了一家更大的公司。进入新公司后，他明显感觉压力大了不少，工作也不顺心。下属对他这个空降的领导总是处处排挤，不仅不配合他的工作，有时还会故意使坏；上司对他的态度也是模棱两可，不支持也不为难。

工作上的压力，人事关系的处理，让刘钊很郁闷，不知道该怎么做，才能得到大家的认可。他处处小心，生怕给自己的事业带来不好的影响。

刘钊不仅在公司不开心，回到家也很烦心，不知道为什么，他发现以前温柔贤淑的妻子变得总是疑神疑鬼，让他觉得很累；以前默默支持他的父母变得唠唠叨叨，什么事都要指手画脚，让他想要逃离；就连乖巧可爱的女儿，也变得吵吵闹闹，让他不胜烦恼。

终于有一天，刘钊忍无可忍，因为一点小事与妻子发生了激烈的争吵。他指责妻子不体谅自己的难处，不再温柔贤淑，整天疑神疑鬼，可妻子却说："你总是指责我们，为什么不想想你自己的行为呢？自从你换了工作，每天回家都板着一张脸，不是看这不顺眼，就是看那很烦心，更没有好好说过一句话，现在连女儿都不愿意和你亲近了。"

听到妻子的话后，刘钊终于恍然大悟，原来这一切都是源于自己，不是别人变了，而是自己因为工作压力，心情与情绪发生了变化，不仅影响了自己的人际关系，甚至还影响了家庭生活。意识到这一点后，刘钊便向公司请了几天假，带着妻子和女儿一同外出旅游。在旅途中，他释放了积压已久的压力，调整了自己的心情。

旅游回来后的刘钊，一改以往的处事风格和态度。在公司，他收敛锋芒，积极听取下属的意见，尊重上司的决定；在家里，他不再独断专行，与家人有商有量，不再把工作上的压力和情绪带到家庭中。渐渐地，他发现其他人也发生了变化，那些反对他的人开始慢慢接受他。

每个人的心中都有压力，只是有的人多，有的人少，最关键的是如何释放和排解。压力大，心情自然烦闷，生活必定乱七八糟，甚至还会殃及无辜。就像故事中的刘钊，因为工作压力太大，导致脾气暴躁，看什么都不顺眼，甚至觉得全世界的人都在与他作对，处处针对他，进而与妻子发生争吵。

谁都有压力，就看我们怎样去应对。有些人不仅不会释放自己的压力，反而让压力越滚越大，殊不知，这样最终会给自己的生活和工作带来不利影响。

因此，我们要学会自我减压，这样才能活得更潇洒、更自信，体会生活的美好。许多人认为，减压就是把所有的东西都抛诸脑后，不管不顾，其实这是一种错误的思想。减压不是让我们放弃所有的压力，而是减去不必要的压力，减去过多的压力，让压力得到合理宣泄，调节情绪，集中精力做更多的事。

如果压力让我们感觉累了，喘不过气来，不妨就出去旅行吧！试着亲近大自然，让大自然的无限魅力一扫心中的烦闷。或者试着放空自己，听一段优美的音乐，看一本好书，听一段有趣的相声，在一个阳光的午后与朋友谈谈心，缓解自己因压力带来的紧张、烦闷和不安。这不仅能释放自己积压已久的压力，或许还能从中找到自己前进的方向，重新起航。

请善待自己，累了就给自己减减压，只有合理地释放了心中不必要的压力，我们才能如释重负，轻装上阵，积极面对生活，笑对人生，感受生活中的点滴幸福与美好。

坚持主见，遵从内心想法

成长的青葱岁月，每个人都怀揣梦想，在实现梦想的道路上，披荆斩棘，勇往直前。尽管这一路会经历很多的坎坷与挫折，甚至让你无数次想要放弃，但转念一想，不正是因为这些磨难，才使你的人生精彩纷呈、引人注目吗？

前行的道路上，每个人都会遇到形形色色的人，有的人立场不坚定，缺乏主见，容易受他人的蛊惑，在他人的阻挠声中逐渐丧失自我，并最终影响自己的判断与思考。其实，人生就像一场不断的旅行，在此过程中，每个人都要坚守自己的观点与想法，不随波逐流，不盲目随从，你才能成为不一样的你、最特别的你。否则，你总是左右摇摆，像一颗墙头草似的四处飘摇，终将活在别人的影子里，一辈子沦为他人的跟屁虫，以至于到最后碌碌无为、一事无成。

大千世界，芸芸众生，每个人都是与众不同的。正因为这份不同，才促使你拥有了自己独特的个性，成长为独一无二的你。做自己不好吗？为什么你要在意他人的目光，总想要取悦他人？难道别人能代替你过好你的人生吗？当然不能，自己的人生路还得自己走下去，没有人能够代替你。不忘初心，方得始终，你不必在乎他人的目光，只要自己认为是对的，就坚强勇敢地走下去，如此你的人生才能不留遗憾，过得开心、快乐。

一位成功的名人企业家做客某访谈节目，分享成功经验时说过：“一个人做事时如果畏首畏尾，害怕他人提出反对意见，且缺乏主见，轻易放弃，那么他放弃的不仅是成功的机会，更是做人的原则。”不管做什么事，只有目标明确，坚持已见，才能达到想要的效果。不管外界的看法如何，也不管经历的困难大小，至少你努力、尝试了，才不会感到后悔。

生活中，不乏一些随大流的人，他们没有主见，缺乏独立思考的能力，往往是身边的人说什么，就盲目追随什么，忘却了心中的理想与抱负，放弃了唾手可得的成功机会，过上了大众希望的生活，到最后却失去自我，成为平庸的人，过着平凡的一生。

王嘉妮从小学习成绩就特别好，虽然父母离异，家庭条件不是很好，但这并不影响她对学习的热爱。靠着众多亲戚的帮助与奖学金的支持，嘉妮一路读完大学，并获得了硕士学位。

取得这个成绩，对很多人来说，也算是有所成就了。工作一年后，恰逢单位有个出国留学的名额，热爱读书的她，决定为自己争取这个机会，却遭到身边亲朋好友的一致反对。大家纷纷劝她：“女人读那么多书干什么，最终还不是要嫁人，再说了，等你读几年出来，成功男士都被小姑娘挑走了，哪里还有你的份，搞不好你还会变成剩女……”就这样，在众多亲戚的反对声中，嘉妮放弃了这个来之不易的机会。

最终，出国留学的机会落到好友婷婷手中。无独有偶，婷婷也遭遇了和嘉妮一样的处境，只是她对众人的反对一笑置之，不予理会，坚持自己的想法。她深信：读书不仅不会让自己变成剩女，反而会让自己增长阅历与知识，开阔眼界和思维，更容易让自己收获成功与幸福。三年后，当婷婷学成归来时，还带回了自己的男朋友，国外一家著名上市企业的高管，而她也成了公司最看重的人才。

看着昔日好友如今过得这么舒适与惬意，再看看自己高不成低不就的样子，嘉妮非常郁闷，后悔自己当初不该听从他人劝解，放弃自己的理想与追求，以至于白白错失成功的机会。

事到如今，现在的她终于明白这样一个道理：那就是不管何时何地，人还是得坚持主见，遵循内心最真实的想法，这样你才不会悔恨终生，终日郁郁寡欢。

看到嘉妮现在的处境，你是否感叹坚持主见的重要性？其实，你只要仔细观察就会发现，盲从在生活中普遍存在：别人学瑜伽，你也要学瑜伽；别人出国旅游，你也要出国旅游；别人买了个名牌包包，你宁愿变成月光族，也要跟着买；别人给孩子报个课外辅导班，你不顾孩子意愿也跟着报……

看起来，你似乎也是想成就更好的自己，但是有没有考虑过，跟着别人的步伐走，真的适合你吗？真的就是你希望的样子吗？难道你的人生，只有依附他人才能生活吗？如果你用他人的标准来评判自己，你的命运将不再是自己的命运。

盲目随从会让你失去人生目标，缺乏主见，变得人云亦云，习惯性地以为走别人走过的路就一定是正确的，却忽略了一个重要事实，那就是走他人没有走过的路，做他人不敢做的事，虽然历经艰难却是更容易获得成功的。心若没有栖息的地方，到哪里都是在流浪。只有遵循内心需求，坚持己见，才能活出真正的自我，收获胜利的果实，享受丰收的喜悦。

一双鞋，别人看着再怎么光鲜亮丽，合不合脚，只有穿的人知道。正所谓人各有志，每个人都有自己的需求与活法，适合别人的不一定就适合你。即便你再怎么模仿，你还是你，一个影子、一个替代品而已。盲目追随别人，却失去自我，何必呢？

不盲从，才能更从容，让自己有主见。你不需要刻意迎合别人，也不需要盲目跟风效仿别人，不管他人的眼光如何，坚持做自己就好，只有适合自己的，才是最好的。

走自己的路，让别人去说吧！坚持自我，发挥优势，创造价值，不断超越，你才能活出自我，创造属于自己的幸福。

小事见格局，细节看人品

太史公司马迁说：“小事见格局，细节看人品。世间本无事，一切在人心。”的确如此，从一件小事就可以看出一个人的格局，从一些细节就可以看出一个人的人品。要知道，小事和细节的背后隐藏着大大的学问。不管我们的能力有多出众，人缘有多好，如果稍不注意，就可能因为小事和细节而功亏一篑。

想来大家对天津卫视《非你莫属》这档节目并不陌生，这是一档大型的职场招聘节目，一直以来很受求职者和观众的喜爱。

一期节目中，来了一位非常优秀的女孩，她几乎得到现场十二家企业高管的一致好评，多家企业高管纷纷向这位女孩伸出橄榄枝，眼看就要应聘成功了。

此时正好到了即兴回答的环节，这位女孩主动讲述了自己曾为就职过的一家培训机构招生的事。现场有一位高管问她：“请问你负责招生时，招生现场的转化率大概能达到多少？”

女孩不假思索地说：“转化率大概能达到30%。”

在场的所有高管听到这个数据的时候，都异口同声地惊呼：“不可能！”有一位同样从事教育培训的高管说：“我做这一行快二十年了，也了解过其他优秀的同行，转化率最高的也才23%，你在这一行只做了几年，就能达到30%的转化率，你确定这个数据准确吗？”

听到专业人士的质疑，这位女孩立刻推翻之前的说法，说是自己记错了。

经过这一件小事后，现场高管对这个女孩有些失望，对她原先的印象也大打折扣，由最开始的十分欣赏变成质疑，结果可想而知，这位优秀的女孩求职失败。

虽然许多人认为这只是一个小小的失误，但要知道，小事见格局，细节看人品。一个在求职时对数据弄虚作假的人，你能保证她以后在工作中不会弄虚作假吗？你能保证她能兢兢业业地工作吗？也许她会像现在这样随便给出一个数据，敷衍了事。因此，就算这个人再优秀，企业也不敢录用。

要知道，日常生活中的小事和细节，都能反映出人品，特别是在为人处世的细节上，体现得更为明显。我们不经意的表达和选择都反映了我们内心的真实感受，也许我们自己没有察觉，可是对方能通过这些小事和细节看出我们的人品。因此，不管是什么场合、什么时间，我们都不能忽视细节，更不能小看细节的重要性。

有些人可能因为性格或是不拘小节的态度，导致他们忽视了身边的小事和细节。殊不知，这些是决定人与人之间是否能产生好感的关键一步。如果没有处理好，就会像上面求职的女孩一样，最后败给细节。

比如，谈恋爱的时候，那些高调示爱、纸上谈兵的男孩往往会更受欢迎。可真正要步入婚姻殿堂时，许多女孩最终会选择那些注重细节的暖男。冰冷的礼物没有温暖的陪伴重要，嘴上说得好听不如实际行动暖心，从生活中的细节中足以看出一个人的人品。

正所谓“成也萧何，败也萧何”，细节决定成败。许多人不重视细节，以至于在一些重要的场合和人面前不注意自己的言行举止。其实，不管在什么时候，我们都要将细节把握到位，即使是芝麻绿豆的小事，也能反映出一个人的格局、人品、修养和学识。哪怕是一个眼神、一句话、一个动作、一个表情、一条微信，这些看似微不足道的小事，我们都要做到最好。

老子在《道德经·第六十三章》中说过："天下大事，必作于细。"只有把握细节，才能把握人生；只有把细节做好，才能从细节中获得回报。所以，无论是做事还是做人，都要注重细节，从身边的小事做起，这样才能获得更多成功的机会。

当然，也有很多人不以为然，觉得做大事不用太注意细节，小事太浪费精力，没有必要。殊不知，这种想法是错误的，因为所有的大事都是由无数个小事汇聚而成的，没有小事，哪来的大事。

小事和细节同样重要，这不仅体现在工作中，也体现在我们的生活中，小到与我们生活息息相关的一日三餐。比如，我们洗菜的时候没有洗干净，菜里面的沙子会影响口感，虫子会影响食欲，这样的一盘菜，你还吃得下去吗？想来倒掉的可能性很大，这样看来，小事难道不重要吗？

要知道，事无大小，只要我们能认真、仔细，都能做好。如果我们想给别人留下好印象，想获得更多的人脉和资源，就不能忽视身边的小事和细节。小事见格局，细节看人品。认真对待生活和工作中的每件事，从小事和细节中发现不一样的美。因此，从现在开始，我们要从小事做起，从细节做起，努力提升自己，让自己变得更优秀，优秀到无可替代。

别让拖延症毁了你的人生

几年前，歌曲《时间都去哪了》红遍大江南北，大街小巷都在唱：

“时间都去哪儿了，还没好好感受年轻就老了，生儿养女一辈子，满脑子都是孩子哭了笑了，时间都去哪儿了，还没好好看看你眼睛就花了，柴米油盐半辈子，就只剩下满脸的皱纹了……”

一时间，这首歌引起全民热议，每个人都在感叹时间的流逝：年前制订的计划，年末了还没有完成；每天忙忙碌碌，连看一场电影的时间都没有；说好今年要出去旅游一趟，因为太忙，直到现在都没有动静……

我们真的很忙吗？所有的时间都合理利用了吗？每天都在工作和学习吗？事实并非如此。我们是被自己所营造的忙碌的假象蒙蔽了，自以为很忙，忙得连休息的时间都没有，其实这些都是由于拖延症造成的。我们把大量的时间和精力都浪费在不必要的琐事和重复的事上，严重影响了办事效率，所以才导致每天都看上去很忙碌。

田甜一直有一个创作梦想：写一篇小说。大二暑假前，她终于下定决心要完成自己的梦想，连工作计划都制订好了，只等着放暑假。

放假后的田甜，并没有立刻开始创作，而是整天和儿时的玩伴一起玩耍，不是吃饭、逛街，就是唱歌、爬山，每天忙得连人影都看不到。她在心里这样安慰自己：“好不容易放假了，先放松放松，写小说也不差这几天，顺便找找灵感。”就这样，一晃一个星期过去了，可是她写小说的事，依然没有半点动静。

又过了一个星期，田甜觉得休息得差不多了，于是就在朋友圈发了一张美美的照片，并配文道："从今天开始，我要开始我的创作之路了，期待我的小说顺利完成！"朋友们看到她发出的消息后，纷纷点赞，并留言说期待她的小说问世。

半个月后，她的好朋友潘月来找她玩，看到她正慵懒地躺在沙发上玩手机，于是好奇地问道："你的小说写得怎么样了，我可以提前当读者吗？"

谁知田甜回答说："我还没开始呢？"

闺蜜诧异地问："半个月前，你不是说开始了吗？怎么到现在还没开始？你这半个月都在忙什么呀？"

田甜这才不好意思地说："也没做什么，想着好不容易放假了，就想轻松一下。早上睡到自然醒，然后吃个早餐都中午了，打开电脑后发现没有灵感，不知道该如何下笔，于是就拿起手机逛逛淘宝，刷刷微博和抖音，一晃就下午了。吃过晚饭，又和家人出去溜达，晚上熬夜写小说对身体不好，就想着明天吧，就这样到了今天！"

听完田甜的话，潘月一脸惊讶，不知道说些什么，于是问道："你的小说以后还写吗？"

田甜边玩手机边回答："哎，明天再说吧，看情况……"

这样的生活状态，大家有没有觉得很熟悉，我们何尝不是如此？

生活中，我们总是用明天做借口，把今天的事推到明天，明天的事又推到后天，总是不断告诉自己：还有明天。这一切都是为我们的拖延寻找借口，今天已经拥有，不值得珍惜，明天才是令人向往的未来。所以，我们总是对自己说：

"今天好累，还是早点休息，等养足了精神，明天再说吧！"

“反正事情也不多，今天不做也没关系，从明天开始，还来得及！”

“今天完全不在状态，做了也是无用功，说不定明天会好很多！”

……

就这样，今天推明天，明天推后天，后天又推到下一天。于是，明天就变成我们拖延的借口。当明天真正来临的时候，又会怎样呢？想来我们会依旧拖延，因为已经习惯了拖延。

有人说，是明天偷走了我们的时间。其实，这只是为自己的拖延找借口而已。你认为自己的状态不佳，就把今天的事留在明天，美其名曰更有效率，但是你能确定明天一定是最好的状态吗？我看未必，因为到了明天，你还会为自己的拖延找借口，重复昨天的选择。

这样做的结果只有一个，那就是你的事情越积越多，效率越来越低，拖延症越来越严重。这样日复一日地拖延，并没有真正帮你解决问题，你还得面对拖延带来的后果。

如果你一直用明天做借口，你的人生必将被拖延症毁掉。在借口的“帮助”下，你的懒惰有了藏身之所。如果你一直抱着这样的思想，永远都只能原地踏步，得不到进步。

你的房间凌乱不堪，直到没有地方下脚，才不得已收拾一下；你的文件堆积如山，直到需要的时候，才想起来要处理；你该打的电话，直到最后一刻，才想起来要联系……等到事情越积越多的时候，你就越不想做。

俗话说：“一寸光阴一寸金，寸金难买寸光阴。”

如果你不能戒掉拖延症，就算满腹才华，也只会虚度了光阴，不仅蹉跎了岁月，还会让你的才华无处施展。

虽然这个道理大家都懂，但真正做到的人却没有几个。我们明知拖延的弊端，却依然每天都在拖延。现如今，社会竞争越来越激烈，生活和工作的压力让我们身心俱疲，在这样的情况下，我们更想为自己的懒惰找一个借口。显然，明天就是一个很好的借口，因此便造就了起床拖延、工作拖延、睡觉拖延，如此循环往复……

如果一个人非常优秀，可是他不会合理安排自己的时间，工作和生活一团糟，不管做什么事都喜欢拖延，久而久之，他做事的态度和行为就会变得越来越消极，越来越懒散，慢慢降低要求，以至于最终变成一个没有自我、毫无追求的人。

因此，请戒掉拖延症吧，否则它将会毁了你的一生！如果我们想变得更优秀，就要戒掉拖延症，不要再为自己的懒惰找借口，今天的事今天做，即使今天不完美，也不要轻易放弃。

从现在开始，每天给自己定一个小小的目标，告诉自己“今日事今日毕，明天还有明天的事”。只要能坚持下来，我们就会发现，原来我们可以在有限的时间里做很多自己喜欢的事，除了工作以外，我们还有时间旅游、看电影、喝咖啡、打理花花草草……

这样以来，我们还会觉得时间不够用吗？其实，并不是时间不够用，而是拖延浪费了我们太多的时间。因此，不要再感叹时间都去哪了，此时此刻，认真地做好今天的每件事，只有这样，才能掌握自己的人生。

你的态度决定你的高度

人们常说态度决定一切，这话一点不假。在与人相处的过程中，你用怎样的态度对待他人，他人就会用怎样的态度对待你；一件事，你投入多少热情与实力，它就会回报你相应的希望与成功。可以说，你的态度决定了你的人生状态。

态度与人们的生活息息相关。一个人是成功还是失败，除了自身实力与水平外，态度从很大程度上说也占了重要部分。不管你的工作岗位在哪里，也不管你的职位是高还是低，你的态度都决定了你成功的基础，是温文而雅、态度诚恳，还是虚与委蛇、两面三刀，只会夸夸其谈的人永远得不到重用。态度不只是纸上谈兵，言语更要落实到行动上，用你的行动证明你的态度，方能让人更加信服。

有个小和尚，在他刚进寺庙时，便立下誓言将来一定要学有所成，做一个住持，可是现任住持不理睬他的想法，而是让他从最简单的撞钟开始做起。就这样做了半年，每天做一天和尚撞一天钟的日子实在是无聊至极，更觉得大材小用，小和尚便开始懒散起来。忽然有一天，住持把他调到后院做打扫寺院的工作，原因是他不能胜任撞钟这一工作。小和尚不服气地问主持："难道我每天没有准时撞钟吗？"住持耐心地解释："虽然你每天都有按时撞钟，但态度消极，所以你的钟声让人听起来有气无力，死气沉沉，没能给世间众生一种感召力……"

你瞧，哪怕是最简单的撞钟，如果撞的人态度不对，声音便不对，又如何普渡众生、传达你的思想呢?

一个人对待事物的态度，足以反映出他成功的可能性。如果你做事马马虎虎、敷衍了事，成功自然不会青睐你。如果说把能力比作一朵鲜花，态度就是它的躯干，没有躯干的营养与支持，再漂亮的鲜花，也会瞬间凋零枯萎。所以，你收获的是成功还是失败，取决于你对待事物的态度，态度对了，你才能积极热情地投入工作、学习、生活，施展自己的才能，尽力做好每件事。不管大事小情，也不管身处何种环境，只要态度端正，你在哪里都能受到欢迎，成功更是指日可待。

从国外留学归来的陈磊，拥有多个学位证书，可以说是一个不折不扣的高学历人才。婉拒了国外多家高薪企业的邀请，陈磊回到国内，决心凭借自己的能力去选择一份自己喜欢的工作。

但陈磊的求职之路并不顺畅，反而接连碰壁。许多公司不相信他一个高学历的人会屈居于此，认为他只是寻求一个过渡或者临时换换口味。带着这种偏见，很多公司将陈磊拒之门外。无奈之下，陈磊只好换一种方式，他收起所有的学历证明，以一个最普通求职者的身份参加面试。

带着这种态度求职，陈磊很快便被一家公司录取，不过却是做一名最普通的程序录入员。虽然职位普通，但陈磊却勤勤恳恳、认认真真地对待工作，丝毫不敢懈怠。不久，陈磊便从工作中发现了一个严重的错误并汇报给了经理。经理惊讶之余，更发现了他的才华，因为这个错误绝非一个普通的录入员能够发现的。这时，陈磊便在经理面前拿出学士证书，上司便给他换了一个相对有技术含量的工作岗位。

又过了一段时间，经理发现陈磊除了在技术方面的能力很强外，还常常会提出一些有建设性的、比较实用的意见。这时亮出硕士证书的陈磊，又一次得到升迁。经理便让他参与公司的一些日常管理工作，结果又发现了陈磊的过人之处，此时，陈磊再次亮出博士证书，并向经理坦诚此事的来龙去脉。得知事情始末的经理，这才知道，自己差点错过了一个不可不得的人才，于是毫不犹豫地重用陈磊，并委以重任。

试想，如果陈磊自持高学历而不肯改变求职态度，也不肯暂时屈就，他的机会从何而来，又如何受到经理的赏识呢？如果你想成为强者，那就先改变你的态度吧！只有态度端正了，你才能得到更多的机会，平步青云，获得成功。

人生从来不是一帆风顺的平坦大道，有顺境就会有逆境，但不管处于何种境地，只要你能端正自己的态度，永不言弃，就可以很快找到自己人生的最佳位置，和故事中的陈磊一样，从平凡的岗位做起，从身边的小事做起，一步一步朝着自己的目标前进，最终活成生活的强者。

不管你的能力是大还是小，也不管你的优点或缺点如何，每个人都不要妄自菲薄而产生自卑或不自信的心理，更不要忽略自身的优点与长处。生活哪有那么多的十全十美？不要因为自卑而蒙蔽你的双眼，更不要因为不自信而盲目地随大流。或许你眼中的缺点与不完美，在他人的眼里就是能帮助他人进步的优点呢？为什么你只盯着别人的优点，却没有发现自己身上的闪光点呢？

寒冬腊月的皑皑白雪，自然无法与春天的姹紫嫣红相比拟，但银装素裹的漫天风雪，不正向人们预示着瑞雪兆丰年的丰收景象吗？

涓涓细流的溪水，当然无法与川流不息的大江大河相提并论，但重峦叠嶂的大山深处，不正是涓涓细流的小溪才让大自然的景色展现出生机勃勃的活力吗?

大自然都能向人们展示自己最优秀、最顽强的一面，那你呢？你愿意被人比下去、成为生活的弱者吗？既然不愿做弱者，那就先改变自己的态度吧。只要端正态度，发挥出自己的潜能，不断完善自己，你又何愁不能成为生活的强者，受到他人敬仰的目光呢?

虽然生活偶尔也会开开玩笑，让你历经酸甜苦辣的复杂人生，但这又有何妨？不经历风雨，怎能见彩虹？既然不可避免地都要经历，还不如改变自己的态度，用一种积极乐观的心态坦然面对这一切。只有端正态度，你才能有足够的能力承受生活的风吹雨打，成为生活的强者，活出最精彩灿烂的人生!

辑三
从月薪三千到月入三万，你只差一张思维导图

从月薪三千到月入三万，有时候差的不是学历、家庭背景或是运气，而是思维。美国著名地质学家华莱士说过：“人的大脑里蕴藏着丰富的宝藏，而思路是其中最珍贵的资源。”当我们拥有独特的思维时，成功就触手可及，如果一直被自己的思维束缚，成功就会遥遥无期。

打破常规，突破思维定式

有机构曾经拿小学生课外读物上的一个问题，在一百个成年人中做了一次测试，结果只有两个人回答正确。究竟是怎样一个问题，小学生都能回答正确，成年人却答不上来呢？

这个问题是这样的：

一位公安局局长在路边与人说话，突然一个小孩火急火燎地跑过来对这位公安局局长说："你快点回家一趟，你爸爸和我爸爸吵起来了。"与公安局局长说话的人问："这个孩子是谁呀？"公安局局长回答说："这是我的孩子。"请问：吵架的两个人分别与局长和孩子是什么关系？

其实，这个问题的答案很简单，公安局局长是一位女士，吵架的其中一个爸爸是孩子的爸爸，另一个爸爸是公安局局长的爸爸，也就是孩子的外公。既然是简单的问题，为什么大多数的成年人会回答错误呢？这是因为成年人被自己的惯性思维局限了，认为公安局局长肯定是一位男士，所以从这个思维出发，他们就找不到正确的答案。如果他们能打破常规，突破思维定式，一定能找到正确的思路和答案。

孩子之所以能轻而易举地回答出来，是因为他们没有那么多所谓的经验，也就没有思维定式，所以能很快找到答案。

其实，很多时候，我们都会像回答上面的问题一样，被惯性思维所束缚，不能找到真正的问题所在。如果我们墨守成规，就无法跳出思维定式，更无法获得创造性思维。因此，我们要顺应时代变化，改变思维现状，这样才能改变自己，改变现状。

大多数人之所以墨守成规，不愿意尝试改变，是因为他们害怕改变带来的风险，觉得一直以来自己做得很好，不需要再改变什么，用这样的思维模式考虑问题，确实很省心，却也很可怕。

当他们遇到以前从未出现的问题时，如果还是用以前的思维模式解决问题，不懂得变通，最终只会眼睁睁地看着危机扩大而没有办法解决，因为有时候，旧方法是不能解决新问题的。

那些有远见、懂得变通的人，则会不断突破思维定式，用与时俱进的方法解决问题，因为他们勇于改变，敢于打破常规，不害怕改变带来的风险，所以才更容易成功。

一般来说，那些成功的人，往往都有一颗不安分的心。他们勇于挑战，敢于打破传统、创新思维，如马化腾、刘强东、马云等，他们都不是墨守成规的人，所以能走在时代前沿，成为各个领域的佼佼者。

因此，我们要敢于打破常规，跳出固定思维，换一种眼光、思维分析问题，这样才能突破思维定式，找到解决办法。

有两家制鞋厂，都想要开拓海外市场，于是各派了一名销售员前往国外某个小岛考察。

甲厂的销售员到达小岛后，发现当地的居民竟然都光着脚，没有一个穿鞋的。经过询问才知道，原来这里的居民没有穿鞋的习惯。他非常沮丧，认为鞋子在个岛上肯定卖不出去，第二天就回国了，并告诉公司，那个小岛的居民都不穿鞋，没有市场。

而当乙厂的销售员到达小岛后，也发现了同样的问题，当地的居民都不穿鞋，习惯光着脚走路。但是当他发现这个问题后，并没有感到沮丧，而是非常兴奋，因为他认为这个岛上没有一个穿鞋子的居民，就说明这里的市场前景非常大。于是，他立刻把这个好消息告诉公司，并让公司立刻运了几个装满鞋的集装箱过来，最后乙厂成功地开拓了海外市场。

乙厂的销售员之所以能取得成功，是因为他没有被惯性思维束缚住，而是用一种全新的思维和眼光拓展业务，认为岛上所有没有穿鞋的居民都是他的顾客，于是他抓住商机，获得了成功。

由此可见，当我们在生活或是工作中遇到困难时，应该勇于打破常规，挣脱思维的束缚，换一个角度看待问题，这样问题才能迎刃而解。

还有一些人，在面对新事物的时候，总是依赖过去的经验，害怕自己做不好，因此不敢尝试。要知道，经验有时候也不是完全可靠的，往往具有时效性，所以以往的经验并不总是能解决当前的问题。

《羊皮卷》中有一段对经验的精彩阐述："经验确实能教给我们很多东西，只是这需要花太多的时间了，等到人们获取智慧的时候，其价值已随时间的消逝而减少。结果往往是这样，经验丰富了，人也余生无多，经验和时尚有关，适合某一时代的行为，并不意味在今天仍然行得通！"

曾经辉煌了百余年的柯达，正是因为太依赖经验，不懂得创新，所以才会落得破产的下场。而与柯达竞争的富士，就懂得适应时代发展，打破常规，在技术和产品上创新，找到了企业发展的新方向。

我们处在一个信息高速发展的时代，要想不被时代淘汰，就必须学会创新，善于打破惯性思维，紧跟时代步伐。

打破惯性思维，需要的不仅仅是勇气，还需要有开拓展思维的能力。因此，我们要不断学习，提升自己的能力，这样才能拥有突破思维定式的机会。

思想有多远，我们才能走多远，只有打破常规，突破思维定式，才能突破自我。

不同的人生百态，取决于不同的思想境界

日常生活中，我们常常看到这样的情况：有的人因为上菜时间太久而对服务员破口大骂；有的人因为走路被别人撞到而与人发生冲突；有的人聚餐时吃吃喝喝毫不客气，可一到买单就假装上厕所；有的人只要碰到超市有免费试吃的活动，就绝不嘴软，不吃完不罢休……

这样的人，走到哪里都改不了占小便宜的习惯，看似占尽了便宜，实则失尽了风度。到最后，身边的朋友越来越少。

有的人因为一元钱就站在大街上像泼妇骂街似的与人争论不休，而有的人即使受了委屈也一笑而过，当什么事都没有发生。为什么会有这么大的差距呢？这就是思想境界的不同。

思想境界不同，看到事物的样子也会不同。当我们站在一楼时，眼里看到的只有垃圾；当我们站在30楼时，窗外便是最美的风景。站的高度不同，视野也会不同，心态自然也就不一样。当我们做一件事的时候，通常只相信自己眼里所看到的，因此，从某种程度上说，视野决定了我们的思想境界。

不同的人生百态，取决于不同的思想境界。如果我们不想一生都碌碌无为，想要有更好的前途，就要学会提升自己的眼界和思想。当眼界和思想都有所提高时，目光才会高瞻远瞩，我们才能合理规划事业，更好地把握机遇，脚踏实地、坚定不移地朝着目标走下去。

说到下棋，大家应该都不陌生，大多数人在下棋的时候，只知道

攻和守，只懂得走一两步，而棋艺高超、境界高深的人，则能从对手的每一步棋中看出下一步计划，从而采取有效的应对措施。这就是思想境界的不同。当思想境界修炼到一定程度时，眼界和心胸自然就会开阔，考虑问题时就能面面俱到、快人一步，因此才能领先他人。

从古至今，那些取得了丰功伟绩的人，无一不是思想境界高超的人。

唐太宗李世民不仅志向远大，胸襟开阔，更懂得“水能载舟、亦能覆舟”的道理，所以开创了大唐盛世；诸葛亮神机妙算，用兵如神，上借东风，下造木牛马车，堪称第一谋士，何等机智谋略；马云敢想敢干，创办了阿里巴巴、淘宝网、支付宝等多个电子商务品牌，改变了人们的消费习惯，用实际行动践行了“让天下没有难做的生意”的使命；雷军低调创业，一路风雨，终于让小米成为深受年轻人喜爱的品牌手机，后来他又带领团队研发小米电视、路由器、空气净化器、净水器等生态产品，仅仅用了八年时间，小米就成功上市。

从这些领军人物的身上，我们不难看出，一个人思想境界的高低，决定了人生格局。思想境界高深的人，才能运筹帷幄，俯瞰全局；一个人的思想越开阔，他的眼界、境界和胸怀才会越开阔，宠辱不惊，知足常乐。反之，如果一个人束缚了自己的思想，即使机会摆在他的面前，他也会畏首畏尾，让机会白白溜走。

一个园丁为富人打理花园，看到富人的生意越做越大，于是就问富人：“先生，您的生意做得如此成功，真叫人羡慕，请问我可以向您请教创业的技巧吗？”

富人点点头，一脸认真地对园丁说：“可以，我们就从你擅长的园艺入手。我可以为你提供一千亩地，你的任务就是在这一千亩地上种满果树，然后悉心照顾这些果树，种植期间，所有的费用我一人承担。三年后，当这些果树开始结果的时候，就可以给我们带来收益了，到时候所有的收入五五分账。几年后，你就可以成为一个小老板了。”

谁知，园丁听完后直摇头，说：“天啦，我从来没有管理过那么多果树，不能想象是怎样一种情况。我也从来没有做过这么大的生意，肯定做不好，要不就算了吧！”

你瞧，机会就这样白白浪费了。如果是你，会像这名园丁一样放弃这个只赚不赔的生意吗？会不会也像园丁一样，因为没有做过这么大的生意而害怕尝试呢？为什么不能从思想上做出改变，抓住这千载难逢的机会呢？如果抓住了这个机会，结局可能就如富人所说：“几年后，你就可以成为一个小老板了。”

当机会摆在我们的面前时，我们不要墨守成规，更不要故步自封，否则我们会像上面的园丁一样，因思想受到限制而错失良机。

我们要明白，机会可遇而不可求，如果不能提高自己的思想境界，就不能抓住瞬间即逝的机会，最终只能“望洋兴叹”。不同的人生百态，取决于不同的思想境界，当思想境界提高了，我们会发现，周围的一切都变得更有意义。每一次的尝试和挑战都是机遇，都是一次特别的经历，都将满载而归。

平凡的岗位，也能实现自我价值

生活中，绝大多数人要靠自己的努力，才能在社会上立足，从基层走向管理，在平凡的岗位实现自己的人生理想。有的人一生碌碌无为，从始至终都在基层挣扎；而有的人却能在平凡的岗位中做出不平凡的自己，最终走向成功，实现自我价值。同样是平凡的岗位，为什么会有差别呢?

这其中的最大差别就是，心态和思想观念的问题。前者瞧不起基层工作，认为有辱自己的能力和才华，总是抱怨、怠慢，没有脚踏实地、认真工作；后者的心态则完全不同，他们认为即使在平凡的岗位上，也能实现自我价值，所以会脚踏实地地努力工作。

小周和小李同时应聘到一家餐饮公司做储备干部，因为没有相关的工作经验，所以公司安排他们到基层熟悉运营情况，同时也是实习期的考核项目之一。

公司给小周分配的岗位是服务员，心高气傲的小周觉得自己明明应聘的是储备干部，到头来却做着服务员的工作，很不服气，认为这份工作有辱他大学生的身份。因此，他的心思完全不在工作上，每天不是磨洋工，就是抱怨，做事也马马虎虎，不是忘记擦桌子，就是把客人点的菜忘记下单，经常有客人投诉说他态度不好。

公司给小李安排的岗位更是糟糕，他每天的主要工作就是在厨房洗盘子。除了要把盘子洗干净外，公司还会抽查破损率，如果超出公司规定的破损率，还会扣工资。更重要的是，公司特别重视食品安全，一到饭点，领导就会来厨房检查，以保证客户的饮食安全。

没有客人的时候，小周经常到厨房向小李吐槽，不是抱怨工作太累，就是吐槽客人太奇葩，每次小李都笑着安慰小周。后来，小周发现小李每天工作都很开心，极少看到他愁眉苦脸的样子，除了做好本职工作外，还经常抽空帮忙上菜、打扫卫生等。小周问他为什么每天都这么开心，小李对小周说："因为我的努力使我离理想又近了一步，即使再平凡的岗位，也能做出成绩，当自己完全胜任时，理想就又近了一步。"

其实，小李刚开始接到通知的时候，心里也是排斥的，后来想了想：没有哪个成功的人是随随便便能成功的，任何一份工作都有它存在的价值，即使再平凡的岗位，也能实现自我价值。于是，他每天认真工作，把工作做得无可挑剔。

很快，三个月的实习期结束了，小李顺利地通过考核，走上管理岗位，而小周则因为犯了太多的错误，没有通过考核，被公司辞退了。

虽然两个年轻人的起点是一样的，可结局却完全不同。这是因为，他们的思想和心态不同。小李之所以能顺利通过考核，是因为他利用基层工作实现自我价值的提升，不仅做好了本职工作，还努力突破自我，让一份不起眼的工作变成晋升的台阶。

而小周之所以落得被辞退的下场，是因为他没有摆正心态，一直认为服务员的工作太LOW，降低自己的身份，所以不愿意脚踏实地地工作，最终把工作弄丢了。

可见，无论我们从事什么样的工作，都不能自轻自贱，哪怕这份工作与我们的期望相差甚远，也不能轻易怠慢。因为平凡的岗位也能帮我们实现自我价值，只有当我们的能力提高了，才有资格追求想要的生活。

可惜的是，在现实生活中，许多人的眼里只有眼前的利益，没有长远的眼光，只要工作稍不如意就跳槽，自以为是地认为自己值得拥有更好的工作。要知道，跳槽除了让人觉得你不踏实外，还会让你之前所有的努力、人脉和经验都付之一炬。

每走一步，每次决定，都组成我们人生的一部分。所以，我们要认真对待每一份工作。只有当自己超越工作价值时，我们才能得到更好的工作，事业才会更上一层楼。

有些人是为了工作而工作，认为工作只是谋生的工具而已。其实，这种思想是不正确的，要知道，事业的最终受益者是我们自己，我们努力工作不是为了别人，因此，即使处在平凡的岗位也要不断努力，提升工作能力，这样才能做出不平凡的成绩。

不管我们从事什么样的工作，即使是微不足道的工作，也要积极主动、全力以赴，因为当你全力以赴去做的时候，才能产生成就感和自信心，在工作中提升自己，实现自我价值。因此，不要再抱怨自己的工作，不要再得过且过，不要再敷衍搪塞，请端正自己的态度，努力工作，你值得拥有更好的工作和人生。

“此路不通”，就换条路

俗话说得好：“山不转，路转；路不转，人转。”当我们遇到问题时，只要想办法，就没有解决不了的问题。

每个人都希望自己能成功，获得成功的秘诀。但成功的重要因素之一是：努力寻找解决问题的办法。俗话说得好：“没有笨死的牛，只有愚死的汉。”当我们面对困难时，只要积极开动脑筋，总能找到解决的办法。

有人说：“人生没有死胡同，就看你怎样开动脑筋，寻找出路。”当我们行驶在路上，眼看就要到达目的地时，前方突然出现一块“此路不通”的警示牌。此时，我们会怎么做？

有的人会选择继续走这条路，即便撞了南墙，也不回头。当然，他们的结果可想而知，因为已经说过“此路不通”，选择这条路的人，只能灰溜溜地原路返回。拥有这种“一根筋”思想的人，不仅会四处碰壁，浪费自己的时间和精力，而且还可能会弄巧成拙。

有的人会选择观望、等待，既不往前走，也不掉头。因为他们觉得自己已经走了很远，不想再回头；他们心存侥幸，想着如果离开了，此路万一通了，会很亏；他们想如果回头了，其他路也是这样的情况，又该怎么办？于是，他们一直站在原地，动也不敢动。拥有这种思想的人，在工作中会因为自己的犹豫不决、优柔寡断而失去很多机会，使自己的人生充满遗憾。

还有一种人，当他们看到“此路不通”的标志时，会选择毫不犹豫地掉头，寻找另外一条新路。也许他们在寻找的过程中还会再次碰壁，但是不会放弃，而是不断尝试，直到找到一条通往成功的康庄大道。拥有这种思想的人，不管是在工作上还是在生活中，他们都是真正聪明的人，懂得“此路不通”就换条路，直到找到真正的解决办法。

有一家工厂常年排放污水，致使河流污染严重，当地居民的正常生活都受到了影响。环保局多次对工厂进行罚款都不能解决问题，每次罚款后，工厂仍然会继续把污水排到河里。后来有人提议，让有关部门强制让工厂设置污水处理设备，但是没想到，还是有源源不断的污水被排到河里。原来，为了节约成本，工厂根本没有使用污水处理设备，他们悄悄对排污管进行了改装，用来掩人耳目。

后来，当地有关部门转变思路——改变工厂的水源输入口，强制让工厂的水源建立在工厂的污水排放口。虽然看起来这个办法有些匪夷所思，但是事实证明，这确实是一个非常好的办法。这个办法能够有效促使工厂使用污水处理设备，如果工厂排出的是污水，那么输入工厂的也是污水；如果工厂排出的是净化后的水，那么输入工厂的也是干净的水。这样一来，问题就得到了很好的解决。

下面案例中的老刘也是这样的人。要知道，成功者往往总是比普通人想得多一点。

老刘是当地有名的苹果大王，他种植的苹果不仅个头大，而且色泽红润，甘甜多汁，可谓供不应求。

这一年，在采摘苹果的前夕，下了一场冰雹，果园的苹果被砸得坑坑洼洼。对老刘来说，这无疑是一场巨大的灾难。但是，老刘没有坐以待毙，而是立刻想解决问题的办法。没过多久，他就打出这样的广告：“亲爱的顾客们，你们看到我们脸上的伤疤了吗？这些都是上

天对我们的馈赠，冰雹给我们带来了美丽的吻痕，而且还为我们增添了独特的风味，请记住我们的商标——冰雹的吻痕。'

老刘知道，如果用往年的营销经验肯定行不通，于是转变思路，让苹果说话。正是这则妙不可言的广告，让危机变商机，老刘的苹果再次供不应求。

俗话说："世上无难事，只怕有心人。"真正成功的人，往往都具有开拓进取的精神，他们懂得"此路不通"就换条路，不会在没有努力的情况下就逃避问题。就算再苦再难，他们也会想办法解决问题。他们相信，只要积极转换思路，开动脑筋，就一定能找到解决问题的办法，走出困境。

如果我们面对困难时总是沮丧，不想办法，就会被禁锢在困境中。只有勇敢面对问题，打破思维枷锁，才能寻找到更多的解决办法。

摆脱“金科玉律”的束缚，突破自己的思维框架

从小就有人教导我们，这不能干，那不能做，渐渐地，我们就形成了一种固定的思维框架。这种思维模式确实可以让我们在社会上少受一些挫折，但同时也阻碍了我们开拓新的人生格局。这些观念禁锢了我们的思维，压制了我们的潜力，所以要想改变命运，扩大人生格局，就必须要改变观念，突破思维框架。

相信大家都听过这样一句金科玉律：“你想要别人怎么对你，就要先怎么对别人。”这句话几乎成了教导孩子的至理名言。但是，这句名言却不能应用到组织问题上，因为“先怎么对别人”的假定前提是：你喜欢的对待方式和别人喜欢的对待方式是一样的。如果这个观点用在解决矛盾、协调冲突时，它的意思就是：你与大家的观点和看法一致。

不少人把这句名言当作人生策略，但这样做只会使自己陷入本位主义的泥潭。这句名言的假定前提是：自己的观点和看法就是别人的看法。所以，他们会理所当然地认为自己的观点和看法是正确的，在这种金科玉律下长大的人，自然会形成这种思维方式。如果他们能突破自己的思维框架，从不同的角度思考问题，就会发现还有许多通往成功的道路。

通常来讲，我们都被自己困在这种对世界偏见的假设中，这种可笑的、狭隘的思维影响了我们对问题的分析和思考，以至于影响了我们的决策和行动。

其实，解决差异性问题，最根本的是需要我们具备求同存异的能力，具备适应别人不同观点的能力。我们可以把这句金科玉律换成："用别人想要被对待的方式对待他们。"只要在思想观念上稍微改动一下，就能突破自我。

生活中，我们被各种条条框框束缚，除了"不能""不许"，就是"应该""必须"，这些条条框框编织成一个巨大的网，把我们束缚其中，久而久之，就会习以为常，毫不犹豫地照"章"办事。

下面我们来看一个简单的问题："把一杯热水和一杯冷水同时放到冰箱的冷冻室，请问哪杯先结冰？"绝大多数人会说："这还用问吗，肯定是冷水先结冰！"很抱歉，回答错误。发现这个错误的是非洲一个叫姆佩姆巴的中学生。

1963年，非洲坦桑尼亚马干马中学的学生姆佩姆巴，无意中发现自己放在冰箱冷冻室的热牛奶结冰速度比其他同学的冷牛奶快。他很疑惑，于是把自己看到的现象告诉了老师，可老师认为一定是姆佩姆巴搞错了。后来，姆佩姆巴又做了一次实验，结果依然是热牛奶先结冰。

没多久，达累斯萨拉姆大学物理系主任奥斯玻恩博士来到姆佩姆巴的学校，姆佩姆巴随即向奥斯玻恩博士提出自己的疑惑，奥斯玻恩博士又把姆佩姆巴发现的这一问题作为大学二年级物理课外研究课题。这就是著名的"姆佩姆巴"效应。

所以，大多数人觉得正确的事，有时候并不一定是正确的。比如，像姆佩姆巴遇到的问题，大家都认为是一个常识性问题，结果都回答错误。

我们在生活中，到处充斥那些习以为常、理所当然的事，这使得我们渐渐失去了对事物应有的判断能力。而我们判断事物的唯一标准就变成了经验，只要是习以为常的事，都变成了合理的。

随着年龄的增长，知识和经验的积累，我们变得越来越没有自己的思维，整天生活在条条框框里，越来越没有想象力和创造力。于是，金科玉律就成了我们超越自我的阻碍。

亨利·兰德非常喜欢给女儿拍照，每次女儿都吵着想马上得到爸爸为她拍的照片。有一次，女儿又吵着说想立刻看到照片，于是他告诉女儿：要等照相机里的胶卷全部拍完后，才能从照相机里把底片拿出来，然后送到暗房里用特殊的药水显影，再用强光照射，使副片上的影像映在相纸上，然后再泡药水，最后才能得到想要的照片。

当亨利·兰德向女儿解释的时候，一个声音出现在脑海："难道就没有'同时显影'的照相机吗？"如果稍微有点摄影常识的人听到他的想法，一定会反驳道："不可能，没有，这简直是做梦！"

但是，亨利·兰德并没有受思想的束缚，而是以此为契机，突破自我，不畏艰难，终于研制出"拍立得相机"，满足了女儿想立刻得到照片的愿望，兰德企业因此而诞生。

"拍立得相机"的故事告诉我们，有些我们认为理所当然的事是可以被否定的。人生就是不断思考的过程，只有摆脱"金科玉律"的束缚，我们才能超越自我，突破思维框架，掌握自己的前途与命运。

善于思考的人，才能获得正确的思路，离成功更近一步。有人说，钱财买不到好思路，可好思路却能给你带来钱财。的确如此，我们不难发现，那些财富拥有者之所以能获得成功，最根本的原因是他们从不照"章"办事，思想不保守，思路更快。

真正聪明睿智的人，借鉴经验的同时又不拘泥于经验。他们会用惯性思维解决小问题，但更多的时候，是主动突破传统，挑战规矩，从不死守"金科玉律"。

最严重的错误，是害怕犯错误

没有人不害怕犯错，相信你也一样。上学期间，无论如何我们都会按时完成老师布置的家庭作业，即使有时候是抄的，也会按时完成，因为害怕被老师批评。现在，我们虽然每天都忙忙碌碌，但却不知道自己在做什么，什么都不敢尝试，因为害怕犯错，总是战战兢兢，所以直到现在，都在忙碌而平庸地活着。

有人说，最严重的错误，是害怕犯错。因为犯错恰好说明我们还有需要改进的地方，如果我们因为犯错而让自己停滞不前，终将失去成长的机会。所以，犯错不可怕，可怕的是害怕犯错。

通过犯错，我们可以吸取经验和教训，避免以后犯同样的错误，所以不要轻易放弃犯错的机会，否则将失去学习的机会。要知道，勇于犯错的人往往会更快乐，更有成就感。

易云去参加高中同学聚会，没想到十年未见的莉莉也来了。吃完饭后，同学们吵着一起去唱歌，莉莉却推脱说家里有事要回家，同学们好说歹说，莉莉终于同意留了下来。

要知道，唱歌这种场合不能没有莉莉。想当年，莉莉可是班花，不仅人长得漂亮，又多才多艺、能歌善舞，最后还作为艺术特长生被一所艺术学校招了过去，让其他同学羡慕不已。

现在，终于能再次听到班花一展歌喉，大家都兴奋不已。没想到，莉莉只唱了一首歌就不再唱了。同学们当然不肯放过这次机会，有的同学干脆把歌点好，把话筒递到莉莉的手中。

面对同学们的热情，莉莉面露难色地告诉大家：她已经有十年没有在公开场合唱歌了。

同学们都很诧异，为什么当年的“百灵鸟”会变了一个人呢？原来，莉莉上大学的时候代表学校参加一个节目，节目组觉得莉莉的歌可以作为压轴曲目，于是把她的表演放到最后。

等待表演的时候，莉莉实在太饿了，就吃了一点东西。没想到表演的时候，莉莉因为吃得太饱，一个响亮的嗝从她的喉咙发了出来，并通过话筒传到现场的每个角落。后来的表演可想而知，从那以后，莉莉再也不敢在公众场合唱歌了，她害怕再一次犯错。

听完莉莉的故事，同学们一片寂静。易云给了莉莉一个大大的拥抱，然后对莉莉说：“其实，你不必对这件事耿耿于怀，你想想当年在现场看过你出丑的人，现在又有几个还记得你呢？没有谁的人生是完美的，犯错也很正常，你不能因为一个小小的失误而否定自己。”

俗话说：“失败是成功之母。”只有犯了错，才知道自己错在哪里，才能积累足够多的教训，为成功奠定基础。

我们要明白，害怕犯错，本身就是一种错误。当我们习惯了某种生活和工作模式的时候，就会本能地拒绝尝试新的事物。每次选择都有风险，我们对不确定的未来充满恐惧，虽然梦想很诱人，但现实更安全、更稳定。所以，我们总是日复一日、年复一年、按部就班地生活着，不敢轻易尝试，更不敢跳出舒适区。

可是，风险与机遇是并存的。如果我们守着安稳的生活，必定会错过无数个成功的机会。难道未来没有安稳的生活吗？

当我们想要做某件事的时候，就要勇敢迈出自己的第一步，哪怕最后走错了，也会比没有尝试更有收获、更有意义。有时候，难的不是事情本身，而是自己的内心，我们总是在做事前给自己设限。因此，我们要抛开杂念，只有全力以赴，才能达成自己的目标，了解自己的实力。

我们本身就是在不断犯错中成长，自我总结、自我反省，才能使自己变得更睿智、更豁达，做自己想做的事。因此，不要为了害怕犯错而放弃成长，那才是一件最错的事。

放下不必要的执着

执着本身是一种好的品质，但有时候太执着，也不一定是好事。现如今，不管是做人还是做事，都要懂得转变思路，懂得创新，这样才能找到解决问题的方法。

创新指的是思维和思路的转变，也就是通过改变自己，获得成功。一位哲学家说过：“你改变不了过去，但是可以改变现在；你改变不了环境，但是可以改变自己。”

俗话说：“树挪死，人挪活。”人与树不同的是，人是有思想的，当人遇到问题的时候，会想办法解决问题，如果这个办法不行，就换一个办法，办法总比困难多。当然重要的是，做人不能太死板，要懂得转变思路，否则也想不出那么多的办法。当我们遇到问题的时候，要具体问题具体分析，不能太执着，更不能被经验束缚了思维。要知道，盲目的执着是不可取的。

我们在生活中遇到问题，不要钻牛角尖，一条路走到黑，而要尝试改变思路，没有什么是一成不变的，学会转变思想，创新思路。

《商君书》中有这样一段话：“聪明的人创造法度，而愚昧的人受法度的制裁；贤人改革礼制，而庸人受礼制的约束。”的确如此，“规矩”是圣人创造的，普通人要遵守，可为什么孔子是圣人，而他的三千弟子不是呢？最重要的原因就在于，思想是否会变通，是否敢于创新，是否会自主、实事求是地思考和分析问题。

有些人之所以成功，是因为他们懂得转变思想，创新思路。变通让他们的人生变得更顺畅，进退自如，高人一等，让人心生佩服。

当我们在生活中遇到困难，经过努力仍没有解决时，应该转变思想，换个角度考虑，也许就会柳暗花明。所以，面对问题的时候，我们不能盲目执着，只考虑问题的表面，而要转变思想，从不同角度寻找解决问题的办法。下面故事中的李俊就深谙此道。

李俊是一家外企的管理人员，他非常喜欢这分工作，因为它不仅能给李俊带来丰厚的薪水，还能给他带来成就感。但是，他有一个非常令人讨厌的上司。这么多年来，他都极力忍耐，但是久而久之，现在他已经到了忍无可忍的地步。于是，经过深思熟虑，他决定跳槽。

他找到一家猎头公司，希望能找到一份高薪、与现在差不多的、同样是管理型的工作。猎头公司告诉李俊，以他的条件想要找一份类似的工作并不难，让他回去等好消息。

回家后，李俊把准备跳槽的事告诉了妻子。他的妻子是一位老师，正好在教学生如何转变思维、从不同的角度看待问题的课程。于是，妻子把上课内容讲给李俊听，李俊听完妻子的话后，深有感触。想到自己面对的两难问题，他决定转变思路，一个大胆的想法呈现在他的脑海中。

第二天，李俊又去了一趟猎头公司。这一次他不是为自己求职，而是请猎头公司替自己的上司找工作。没过几天，他的上司就接到猎头公司的电话，请他去另外一家更大的公司高就。虽然上司不知道这是李俊和猎头公司共同促成的结果，但是他正好也想换个工作环境，所以就接受了猎头公司为他找的新工作。

事情并没有到此结束，最奇妙的事情发生了：因为上司接受了新的工作，原本的位置就空了出来，李俊就申请了这个职位，顺理成章地升职了。

故事中的李俊，本来是想躲开讨厌的上司，让猎头帮自己找一份工作，没想到妻子却让他明白了转变思路的重要性。最终的结果让李俊很满意：他不仅摆脱了讨厌的上司，而且还干着自己喜欢的工作，最后还意外地升职加薪了。

生活在信息时代的我们，更应该放下无谓的执着，转变思路，培养突破创新的能力，这样才能跟上时代的步伐，不至于被淘汰。

其实，有时候，成功并不是来自执着，而是来自改变。转变思路，换个角度，你会发现结果大不相同。

古语有云：“穷则变，变则通，通则久。”转变思路，一切都将不一样。思维决定格局，格局决定出路。当你在黑暗中找不到方向的时候，不妨换个角度，也许光明就在另一条路上。

不要让偏见影响了你的理智

每个人都有无意识的偏见，可能是对某个人，也可能是对某件事。有一些偏见来自身边人对我们的影响，比如，我们从没有见过这个人，可因为之前听家人或是朋友说过他哪里不好，所以当见到这个人时，会不自觉地对他产生偏见，不管他做什么、说什么，都觉得不顺眼。

当我们对一个人有偏见的时候，脑海中的理智就会受影响，无意识地把这个人好的部分缩小，不好的部分放大，以至于不能理智、客观地看待对方。这样就会在无形中激发我们的负面情绪，变得冲动、偏执。

《中国大百科全书——心理学篇》中这样解释偏见："根据一定表象或虚假的信息相互做出判断，从而出现判断失误或判断本身与判断对象的真实情况不相符合的现象。"

换句话说，偏见是人们没有从客观角度出发，用强烈的主观意识和片面的观点判断万事万物，是典型的就人论事。

如果我们对一件事或一个人产生了偏见，就会无意识地表露出轻视、傲慢的神态，还可能做出不礼貌的行为，或是说出不礼貌的话，甚至把与这件事、这个人无关的琐事都牵扯进来。如果这件事或这个人失败了，我们就会幸灾乐祸、隔岸观火；如果成功了，我们也不会真心赞美，只会说酸话讽刺对方。

要知道，偏见会影响我们的理智，让我们失去朋友，看不到问题的本质和真相，鲁莽行事。这都会影响我们的工作和生活，因此，无论什么时候，都不能让偏见影响我们的理智，学会控制自己的思想，把偏见扼杀在萌芽中。

形成偏见的原因有多种，思想观念的差异、性格和外在环境的多元是主要原因。每个人都有不一样的成长经历，思想观念也各不相同。当遇到与自身成长环境不一样的人或事时，思想观念不同，自然会导致偏见的产生。

比如，一个人从小到大都没有吃过什么苦，在良好的环境下长大，他会更喜欢安逸、稳定的生活环境。如果他的领导性格随和，倾向人性化管理，他会认为领导安排的工作是合理的；如果他的领导做事严谨，倾向制度化管理，不管领导安排的是什么工作，他都会觉得不合理，因为他对领导已经产生了偏见，认为领导太过苛刻。

再如，一个性格开朗、外向的人，往往不太喜欢与性格内向的人相处；一个爱热闹的人，往往不太喜欢与过于孤僻的人相处。

性格、人生阅历和生活环境，都会影响一个人看待事物的角度，角度不同，观念就会不同。除此之外，他人的影响和自己的思想也是形成偏见的原因之一。要想克服偏见，就要先找出偏见形成的原因，“对症下药”。

当一个人情绪激动的时候，他的理智会被偏见占领，变得敏感、多疑，无限放大负面情绪。如果任由偏见占领理智，可能会引起不必要的矛盾。为了不让偏见影响自己的理智，我们要保持心平气和，不要总是斤斤计较、耿耿于怀，而要用广阔、包容的胸怀接纳一切，这样才能把偏见扼杀在萌芽中。

还有一些偏见来自误解，多半是一些先入为主的传言。一般来说，传播的人会把自己的主观臆想带入其中。因此，当我们听到一则消息的时候，不能想当然地认为这就是事实的真相，而应该通过各种方式去看、去问、去证实，经过分析和思考做出正确的判断。

如果仅凭一面之词就认定事实就是如此，这种判断就是不准确的。我们不能被传言左右了思想，而是应该摘掉“有色眼镜”，用客观的态度与对方沟通，这样既能获得我们想要的真实信息，又能消除对对方的偏见。

有些人的自尊心特别强，总觉得自己高人一等，容不得别人说半点不是。为了维护自己的自尊心，会对看不顺眼的人和事，产生一种刻意的偏见，甚至会在心里认为所有的事都是别人的错。其实，这是一种自尊心过度的表现。

要想克服这种偏见，就需要我们建立正确的自尊心，时刻保持谦逊的态度，不要让自负扰乱心智，更不要把自尊心建立在偏见之上。

调整思想，转换视角

人生在世，每个人都会遇到难以解决的问题，有的人干脆放弃，有的人一根筋到底，而有的人会调整自己的思路，换个角度寻找解决办法。毫无疑问，能解决问题的，一定是最后一种人。

有人说，卖豆子的永远不会担心卖不完，因为如果豆子卖不完，他们可以把豆子磨成豆浆；如果豆浆卖不完，可以把豆浆制成豆腐花；如果豆腐花卖不完，可以把豆腐花制成豆腐，而豆腐又可分成嫩豆腐、老豆腐、柴火豆腐、豆干等；如果还卖不完，最后可以制成豆腐乳。

当然，卖不完的豆子还有一条出路：把卖不完的豆子拿回家，加点水，几天后变成豆芽，改卖豆芽；如果豆芽不好卖，就让豆芽继续生长，改卖豆苗；如果豆苗不好卖，就把豆苗移植到花盆里，改卖盆景豆苗；如果盆景还是不好卖，就再把它移植到地里，让它自由生长，几个月后，又会收获许多的豆子。一颗豆子变成上千颗豆子，多么划算的买卖。

一颗小小的豆子，都有这么多精彩的选择，更何况是人呢？我们遇到问题的时候，不要总想着逃避，也不要对自己失去信心，而要调整心态，从不同的视角看待问题，再接再厉，就会发现成功就在眼前。“条条大路通罗马”，不要一条道走到黑，通往成功的道路并非只有一条。

有些人遇到问题时，总是死盯着问题不放，殊不知，这样解决不了问题。与其这样，还不如调整好思路，转换一下角度，化难为简，这样才能解决问题。聪明的人遇到复杂的问题时，会把问题简单化，而不聪明的人，即使遇到简单的问题，也会把问题复杂化。的确如此。如果解决复杂问题时能把问题化整为零，就能从一种新视角看待问题，问题自然会迎刃而解。

王权是村里出了名的聪明人，他特别爱动脑筋，所以每次都能用最少的力气获得最大的回报。

每年秋天收获土豆后，为了能卖个好价钱，村里的人都会先在家把土豆分成大、中、小三种规格，每家每户都是如此。大家起早贪黑地分拣，就是为了尽快把土豆运到市场上赶早市。

王权却没有像往年一样先做分拣工作，因为他觉得分拣工作费时费力，会耽误土豆上市的时间，所以今年没有分拣，而是不分大小直接把土豆装在麻袋运走了。而且，他在向市场运土豆的时候，没有走大家都会经过的平坦公路，而是专门挑选了一条颠簸的小路，就这样一路到了市场。因为路途颠簸，小的土豆自然掉落到麻袋的底部，大的就留在了上面，所以不用特意分拣，土豆就分开了。今年他的土豆最早上市，价格非常好，他赚得比村里其他人多。

在现实生活中，之所以在解决问题时会遇到瓶颈，是因为我们总是站在同一角度看待问题，如能转换视角，情况也许就会不一样，问题也会迎刃而解。

一位富人，有一个非常美丽的私人花园。可是一到周末，他的私人花园就变成了公园。人们到花园里摘花、采蘑菇，有的还搭起帐篷露营，更有甚者，在草坪里野餐、烧烤，弄得花园一片狼藉。

管家多次让人在花园周围围上篱笆，并立了一个醒目的牌子：“私人花园，禁止入内”，但无济于事，花园依然遭到无情的破坏。管家没有办法，只好请示富人，富人沉思了片刻，让管家做了一个更大的牌子，上面写道："如果在花园中被毒蛇咬伤，最近的医院距离花园十五公里，驾车半小时可到。"从那以后，再没有人闯入花园了。

我们在面对困难时，如果没有充分的条件和足够的力量，只是一味地蛮干，很可能会徒劳无功，甚至头破血流。但如果我们能调整思路，转换视角，避重就轻，先解决关键问题，其他的就会不攻自破，比起硬碰硬，这样会更有效。

辑四
把将就的日子，过成讲究的生活

有人说：“将就的是日子，讲究的才是生活。”生活不仅仅是为了生存，也需要诗和远方来唤醒我们对生活的热爱。有的人为了生存，一路都走得很急，总是不停地追逐、索取，却没有好好停下来想一想：生活究竟是什么？

别让心态毁了你的人生

人生处处充满竞争，但这场竞争却不是你与他人的，而是自己与自己的，它考验的不仅是你的意志力，更是你的心态。你只有专心致志，以一种乐观豁达的心态看待身边的一切事物，才能战胜自我，超越自我，朝着目标勇敢前行。

每个人的能力大小不同，心态不同，对待事物的感受与想法，自然也会不同。但只要你尽心尽力去做一件事，总会得到别人的认可与赞赏，不必太在意他人的目光，也不用担心自己的能力不够，只要勇敢迈出第一步，就会发现天下没有什么不可能的事。即便你失败了，也没有关系，至少你超越自我，战胜了胆怯与懦弱。否则，你连这点心态与意志力都没有，又如何坚定不移地走下去，实现梦想和抱负呢？

有位优秀的大学生在试用期，由于业绩不理想而惨遭公司解聘，心情郁闷的他，一时想不开便选择了跳楼自杀。很多人不理解，为什么一个简单的失业，就能导致一条鲜活的生命产生悲观厌世的念头？究其原因，这一切都来源于这位大学生在人生的关键时刻没有把握好自我、战胜自我，才导致了这样的悲剧。

有些人可能觉得这事没什么大不了的，重新找一份工作，不就好了吗？也有人觉得，此家公司的末位淘汰制不太人道，但实际上，企业这样做也是为了更好地激励员工，提高员工绩效。每个人看待事物的心态不同，导致的结果也就全然不同。

一家企业由于经营不善，年年亏损，为了缓和资金压力，便决定裁员。此言一出，公司上下，人心惶惶。但公关部的小李却不慌不忙，像个没事人一样，当别人都忙着在网上投简历找工作、四处托关系为自己寻找后路时，她和往常一样，做着自己的事情。那胸有成竹、从容自若的样子，仿佛这一切和她没有任何关系。

同事不解，问她："公司马上就要裁员了，难道你不害怕吗？裁员就意味着失业……"她说："我每天忙得脚不沾地，哪有时间想这些，再说，该来的终究会来，愁也没用，难道你整天愁眉不展就能解决问题吗？"最终，裁员的名单中并没有小李，而是那些平时偷奸耍滑、阿谀奉承的人名列其中。

任何一家企业，看重的都是员工对待工作的态度与实力。你若兢兢业业、埋头苦干，何须惧怕突如其来的裁员风波呢？有优势的人，有能力与实力的人，自然不会被轻易淘汰，千万别让杞人忧天的烦恼吞噬了你的才能，阻碍了你进步的步伐。

你不必羡慕别人拥有的一切，只要把握自我，认认真真、踏踏实实地将自己的优点与价值发挥到最佳状态。你不必因为自身的优势就目空一切，瞧不起他人，要知道，天外有天，人外有人；也不用自惭形秽，垂头丧气，郁郁寡欢，要明白每个人都有与众不同的价值，有属于自己独一无二的闪光点。你就是你，只有把握自我，战胜自我，超越自我，才能成就更强大的自己，变得更加优秀。

任何一件事在没有开始做之前，千万不要说不可能或做不到，世上之事，只有想不到，没有做不到。再高难度的事，只要你想做、用心做，就一定能够完成，哪怕一时半会儿没有找出解决问题的办法，也不要气馁，你终有机会将不可能变为可能。

人生处处充满挑战，虽然这一过程也充满艰难险阻，但多一点儿冒险精神又何妨呢？只有敢于冒险、迎接挑战，你才能不断完善，成就强大的自己，收获胜利的果实，享受成功的喜悦。

失败乃成功之母。即便面临失败，也不要害怕尝试，更不要因为一时的挫折，就惶惶不可终日，大不了重新来过。你可以在失败中汲取经验，慢慢突破自我，拥有战胜一切困难的勇气与决心。

生活中，难免会遇到一些强有力的竞争对手和烦扰不堪的事情，这会让你筋疲力尽，但你却忽略了一个最大的对手，就是你自己。首先，你得肯定自己，给自己增添信心，才能充满自信，从气势上压倒别人。

一个人的难能可贵之处在于，历经了坎坷与挫折，经受了生活的洗礼，还能每天微笑着面对生活。这种良好的心态与坚韧不拔的意志力，是谁也羡慕不来的。只有自我锤炼，并安慰自己，你才能大步流星地朝前走，坚定意志实现梦想。你的人生才会丰富多彩，更加有意义，你才能在不断的前行中，把握自我，战胜自我，超越自我，成就更好的自己。

只有勇于突破自己，才能在面临人生的苦难与挑战时，用自己坚强的意志与乐观的心态战胜、打败它。当你实现了自我突破，就会惊喜地发现，在这纷纷扰扰的尘世间，即使面对再大的困难与挑战，你都能处变不惊，轻松化解，在人生道路上越挫越勇，越变越优秀，让自己的人生更加完美，了无缺憾。

生活的美好，源于你对生活的热爱

生活中，不乏一些特立独行的人，他们既不像普通人那般陷入琐碎的生活无法抽身，也不像有些人永远把自己打扮得光鲜亮丽。可是他们十分热爱生活，享受生活带来的趣味，所以不管走到哪里，都自带光芒，神采飞扬。

辛苦奋斗了十多年的刘微微，终于在寸土寸金的深圳郊区买了一套房子。虽然是老小区的二手房，面积不大，只有70多平方米，但这一切足以让她欣喜若狂。

拿了钥匙，她便加紧装修。装修时，她还特意给闺蜜发图片说："亲爱的，祝福我吧，你看，我终于有了自己的地盘！"

刘微微是谁？

她是一名自由撰稿人。做撰稿人之前，她曾在世界500强企业上班，也曾做过梦想中的记者行业，偶尔也兼职写稿。后来，结婚怀孕后反应太大，她便辞去工作，在家做起全职妈妈。孩子稍大一些后，她便重新拾起热爱的文字，做了一名职业撰稿人。

她一边带娃，一边写稿。在此期间，热爱生活、热爱烘焙的她，还写了一本关于烘焙的书，把自己的烘焙经验写在里面。

有了属于自己的房子后，刘微微的第一件事就是将厨房改成开放式的。因为面积不大，她便在灶台下面做了一些方便收纳的柜子，以节省空间。当然，刘微微没有忘记给自己留一个烘焙的小地方，做自己最喜欢的烘焙。

有空时，她会在小厨房忙碌，一边做着让人心情愉悦的甜品，一边听着优美的音乐，当成品进入烤箱，她躺在阳台的摇椅上，享受着温暖的阳光，呼吸着清香扑鼻的面包香，心情仿佛像盛开的花儿那般灿烂。

慵懒的午后，她一边写稿一边喝茶，和孩子享受烘焙的过程，生活过得如此惬意而舒适。就连三岁的孩子看着妈妈做这些时，内心都会由衷地发出感叹：“妈妈，我每天都好幸福呀！”

如今这个社会，会赚钱的人很多，可是懂得生活，把平凡日子过成诗、过成画的人，却少之又少。大多数人在受到挫折打击或心灵伤害后，就把自己变成一只“刺猬”，不轻易让人靠近。

但生活是自己的，如果你不走出来，不热爱生活，又如何感受生活的美好呢？

彭明是一个被感情伤得体无完肤的人，庆幸的是，她哭过、恨过、痛过之后，终于走出了那段灰暗岁月，过起了怡然自得的小镇生活。

如今的她，在家乡的小镇上开了一间茶行，除了卖茶、以茶会友之外，偶尔也会在黄昏时到江边的长廊上散步，看夕阳西下，听一段好听的音乐，放松自己的心情。

不得不说，懂得自我疗伤的彭明是聪明的。她懂得将感情中的痛苦转变成生活的力量，没有在受伤后意志消沉、颓废不堪，而是潇洒转身，以一种淡定从容的姿态，将余生过得如诗如画，变成自带光芒的人。

这就是生活。不管你如何排斥、欢喜，那些好的坏的事情都不会因你的想法而改变，反而会齐刷刷地向你袭来，打乱你的生活节奏，甚至会将你原本平静的生活弄得一团糟。

在这种情况下，你就要用自己的聪明睿智和宽容大度坦然面对一切，用自己的坚强不屈战胜这一切，如此你才能越挫越勇，享受生活的那份甜蜜！

林东结婚不到三年，孩子刚满一岁。很不幸，在单位的一次例行检查时，他被查出肝癌。突如其来的噩耗，让上有老、下有小的他难以接受。

怀着对生活的不舍，对亲人的不舍，他忍住心底的悲伤，去省城重新做了检查，确诊是肝癌后，赶紧请了病假，并以最快的时间预约了专家进行手术。手术后化疗、静养，一年后再去复诊，他的癌细胞竟然没了。

当身边所有认识他的人都在感慨生命无常时，他回来了。

不仅回来了，整个人看上去恍若重生了一样，容光焕发，哪里像是一个从鬼门关前走了一遭的人，分明就是一个健康、充满活力的人。

单位同事不解，问他原因，才知道原来手术化疗之后，他不仅遵照医生嘱咐，在各方面严格控制，锻炼身体，补充营养，还时刻让自己保持愉悦的心态。后来，待身体恢复一些后，他积极锻炼身体，隔三岔五约上几个好友外出旅游，放松心情。

虽然在此期间也曾经历了两次意外，又是重症监护室，又是全身输血，但好在经过抢救，他终究还是捡回了一条命。就像他自己说的，在鬼门关前走了几次，已经让他对生活有了一个全新的认识，人生苦短，一切想开了也就好了。

所以，现在的他，既不悲观厌世，也不怨天尤人，觉得每一天都很美好；他热爱生活，将自己原本灰暗的人生过成光辉灿烂的日子。现在的他，过得很好，活得舒适、惬意。

生活是什么？是柴米油盐酱醋茶，是吃喝拉撒睡，是生老病死，在得到与失去中不断循环。人生在世，每个人都将经历这些，但你把生活过成什么样，取决于你的智慧和心态。

作家杨绛在先后经历丈夫和女儿的离去后，即便一个人，也积极乐观地面对生活，并在她的《百岁感言》中说："我们曾如此渴望命运的波澜，到最后才发现：人生最曼妙的风景，竟是内心的淡定与从容……我们曾如此期盼外界的认可，到最后才知道：世界是自己的，与他人毫无关系。"

不管哪个年代，每个人的生活都会历经酸甜苦辣，经历一些不如意之事，最难能可贵的是，一个人在经历了生活的种种失意之后，还能以一颗积极乐观的心态面对生活、热爱生活，感叹世间的美好，这才最值得赞赏。

当然，也有一些人在历经挫折与打击后，自暴自弃，让自己的人生随波逐流，任自己在大好的青春年华里虚度光阴、意志消沉。待年华老去，恍然回首，却不停哀叹："我的人生为何这样？我怎么丢掉了自己的初心？"

可是，热爱生活的人，朝气蓬勃，顽强独立，乐观开朗，笑对生活的酸甜苦辣。

你的褶褶生辉，源于你对生活的热爱。唯有热爱生活，才能闪闪发光，自带光芒，把生活过得诗情画意，活成自己最希望的样子！

困境，有时候也是机遇

机遇是什么？它就是契机、时机、机会。人们一般把有利于自己的条件和环境都称作机遇。不可否认的是，机遇对一个人来说确实很重要。人这一辈子，不可能一次机遇也没有，生活中也处处存在机遇，只要我们用心，就能发现它、抓住它。然而，遗憾的是，许多人只把顺境当成机遇，却忽视了困境有时候，也是一种机遇。

要知道，只有当我们拥有直面困境的决心和接受困境的勇敢时，才能发现困境中的机遇，如果一味地逃避，就不可能发现。“山重水复疑无路，柳暗花明又一村。”勇气和决心是我们在困境中找到机遇的必要条件。

我们来看这样一个小故事：

一位北方商人到浙江一带收购茶叶，由于路途遥远，又耽搁了一些时间，当他好不容易到达目的地后，发现当地的茶叶已经被别人抢先收购了。没办法，他总不能空手而归，忽然脑洞大开，连夜收购了当地用来盛茶叶的箩筐。后来，当那些收购了茶叶的商人准备运回茶叶时，发现市面上已经没有箩筐可以买了。无奈之下，他们只得花高价从这位北方商人的手中买回箩筐。最后，这位北方商人用一种意想不到的方式赚了一大笔钱。

故事内容是否属实，已无从考证，但给我们的启示是：困境与机遇大多数时候是并存的，当困境来临的时候，机遇往往也会如期而至。北方商人从收购茶叶转换成收购箩筐，巧妙地将困境转换为机遇，令人意想不到。

其实，当我们面对困境时，也不妨试着转换思维，改变自己的观念，或许也能从困境中找到机遇。成功与失败只有一纸之隔，但这个“纸”需要我们自己寻找，也许它就在你的前面，也许在你的身后，等着你蓦然回首。

如果我们自以为是地认为永远不会陷入困境，那只能说明我们正在走向绝境。如果我们正陷入困境，那说明我们已经得到了改变命运的机会。当我们走出困境回首时，会发现现在的我们比过去的要更坚强、更勇敢、更优秀。

如果我们已经获得成功，一定要由衷地感谢困境，因为是困境让我们不断成长，获得改变命运的机会。虽然顺境能让我们收获财富和名利，但更多的时候，它也会让我们失去奋斗的激情，逐渐迷失自己。顺境有时候是一种腐蚀剂，它能麻痹我们，使我们在安逸的生活中从森林之王变成只想晒太阳的懒猫。

只要我们有想法，不甘于平庸，就会努力把想法变成现实。在前进的过程中，我们自然会遇到各种困境，阻碍我们前进，让我们感觉命运不公，产生认命的想法，但我们依然不能放弃，因为顺境也是一次机遇、转折和升华。

当我们身处困境时，要突破自我，重返巅峰，看见一个不一样的自己。我们会书写出不一样的人生，困境的历练是我们成功的基础，是我们的资本和证明。

有人说，之所以会有困境，是因为我们要突破自我、迎接挑战，面对新机遇。所以，当我们身陷困境时不要诅咒、抱怨，而要学着珍惜这来之不易的机会。正如巴尔扎克所说：“困境是天才的进身之阶、信徒的洗礼之水、强者的无价之宝、弱者的无底之渊。”因此，我们要把握困境，创造属于自己的阶梯。

其实，我们也可以把困境当成结束错误想法的契机，只有结束错误的想法，才能开始正确的选择。如果我们不能在困境中发迹，就注定只能沦陷在困境中无法自拔。俗话说：“自古英雄多磨难。”要想成为一个英雄，必定要遭受挫折和苦难。英雄和普通人的区别在于，英雄在困境中抓住了机遇，创造了属于自己的奇迹；而普通人不仅没有抓住困境中的机遇，反而选择了放弃，最终只能沦陷在困境中。

有时候，那些成功者并不是天生就比失败者聪明，而是因为在困境中，成功者比失败者多了一份坚持，多了一份思考，抓住了困境中的机遇。

孟子说过：“天将降大任于斯人也，必先苦其心志，劳其筋骨，饿其体肤，空乏其身……”这句话也告诉我们：只有历经风雨的人，才能见到彩虹；只有历经困境的人，才能获得成功。我们要相信，风雨和困境是人生的另一种经历、另一种机遇。

懂得自律的人，生活更幸福

张芳参加高中同学聚会时，见到了几年未见的好朋友刘洁。她发现，刘洁比以前更漂亮、更年轻了，红润的脸色，苗条的身材，举手投足之间有一股清新自信的气质。

于是，她向刘洁打听保养的秘籍。刘洁笑了笑说道："哪有什么保养的秘籍，只是这段时间，生活比较自律罢了。"她说自己每天晚上十一点钟睡觉，五点半起床，然后晨跑、吃早饭，再去上班；每隔一天，去一次健身房，跑跑步、游游泳、练练瑜伽、做做操。每周，她还会坚持看两本书。

张芳看着逆生长的刘洁，不禁感叹：原来，自律真的会让人更美好。

事实上，张芳也算是一个非常自律的人。不管春夏秋冬，她每天早上5点30分准时起床，洗漱完毕后，喝一杯温盐水，便坐在电脑前开始工作；7点开始，给阳台的月季浇水、修剪；吃完早餐后，泡一壶好茶，伴随茶香在电脑上敲出文字；每工作1小时，不管多忙，起来活动10分钟；每天晚上10点准时入睡，睡前喝一杯蜂蜜水……

许多朋友笑张芳过着佛系的生活，觉得她少了很多乐趣，甚至有人劝她："人生苦短，何必那么苦苦约束自己呢？"

张芳却自得其乐，自我管理让张芳拥有了好皮囊，努力上进让她在业界获得了好口碑，内外修炼让她拥有了好气质，自律让她获得了更深层次的幸福，何乐而不为呢？

懂得自律的人，生活更幸福。自律，就是应对混沌生活的仪式感。

米开朗基罗说："如果你知道我是多么自律地工作换来了我的成就，似乎也就没什么了不起的。"

钢琴家弗拉基米尔说："一天不练琴，自己会意识到我的退步；两天不练，妻子会发觉我的退步；如果三天不练，全世界都会知道我的退步。"

说到底，要感谢那些融入血液的自律，它让我们于混沌的生活里，拥有光芒四射的才华，将其他混沌度日的人远远地甩在身后；它让我们在成功的路上，越走越顺畅。

一个真正自律的人，才能拥有幸福、美好的生活。

问题是，我们明明知道自律的人生才能拥有幸福，为什么大多数人却做不到呢？

美国著名心理专家凯利·麦格尼格尔博士写过一本叫《自控力》的书，书中提到：人性有懒惰的一面。大多数人喜欢接受即时快感，而不习惯先通过一段时间的自律，拥有更深沉的、长时间的快感。

科技进步在改变我们生活方式的同时，也创造了越来越多的可以提供即时快感的事物。这便造成如今这个浮躁而快节奏的时代，充满即时快感的诱惑。对大多数人而言，玩抖音和快手，比读一本需要深度思考的书更容易获得即时快感；吃薯条、喝可乐，比自己精心在家做一顿晚餐，更容易获得即时快感。于是，做一个长期自律的人，就变得越来越难。

除此之外，一个重要原因是，坚持自律在短期内不能看到明显的效果。你坚持早睡一两天，并不会立马变漂亮；你坚持爱一个人一两天，并不能立马赢得她的真心；你坚持不吃垃圾食品一两天，并不会立马瘦身成功。更何况，坚持早睡的初期，似乎失去了夜生活的精彩；坚持真爱一个人，似乎失去了一片情爱森林中阅遍百花的精彩；坚持不吃垃圾食品，似乎失去了短时间的口腹刺激。于是，许多人内心的天平失衡了，自律的退堂鼓越打越响。

只是你不知道，自律一旦长期坚持下来，生命会以更丰盛的礼物回馈你。

《感动中国》节目曾访谈过一位卓越的老科学家。这位年逾七十依然红光满面、精神矍铄的老先生提到，年轻时他经常生病，并因此十分苦恼，因为报效祖国和科学研究，每一样都离不开好身体。为了改变，他坚持天天跑步，风雨无阻，五十年过去了，这种自律也回馈了他一个强壮的好身体。

你瞧，这就是自律的魅力。

既然知道了自律的人能拥有幸福的生活，如何才能坚持自律呢？

心理医生斯科特·派克在《少有人走的路》一书中写道：“保持自律就要做到推迟满足感和承担责任、尊重事实和保持平衡。”

具体来说，可以参考以下建议：

首先，我们要勇于承担责任。

“上班这么累，下班哪还有时间学习……”“休息好了，才能更高效率地工作，我先去看个综艺休息一下……”“胖怎么了，敢于接受自己的缺点才是真女人，爱你的人不管你什么样都会爱你的，我才不去健身房找罪受呢……”“没有人愿意通过你邋遢的外表了解你的内心，更没有人愿意了解你的内在美”……生活中，总是有许多人会为自己的不自律找各种借口。

固然，找借口的感觉很爽，也能够让我们暂时躲避不想面对的“痛苦”。可是不管你如何躲避，那些“痛苦”就摆在那里，你堆积了一身的肥肉、荒废的时间、没有进步的成长和无法成熟的心智等，它们不会因为你的躲避或害怕就消失不见。

一个自律的人首先要敢于承担责任和面对痛苦。要相信，这些痛苦都是短暂的，只要你有一颗自律的心和一份自律的勇气，总有一天可以战胜它。

其次，制定目标，分解任务。

不清楚自己想做什么，有什么样的目标，也是许多人做不到自律的重要原因。事实上，我们心里都有目标，只是有些目标看起来过于遥远，被我们忽视了。此时，对目标进行分解，十分必要。

例如，想赚更多的钱，拥有好的身体，找到合适的另一半等，这些看起来都是虚无缥缈的大目标。而要想让它们真正落地，我们就需要将它们转化成一个个具体的、可落实的小目标。

以赚很多钱这个大目标为例。要实现这个目标，我们就需要努力工作、学习，不断打磨技能。为了做到这一点，可以将赚钱这个大目标分解为用两个月时间看四本市场方面的书籍，花一年学习PPT制作，成为公司里PPT做得最好的等具体可实施的小目标。

小目标确定后，我们还要将每个小目标再分解到每天做什么，每做完一项就划掉，做到当日事、当日毕。

最后，不沉迷于消磨时间的电子消遣，坚持锻炼身体。

工作和学习的时候，努力做到心无旁骛，提高自己的注意力和完成效率。

当感觉什么都不想做，什么都想不清楚的时候，不妨锻炼身体。好的身体是革命的本钱，能够帮你在学习或工作中更有激情和保障。

哲学家康德说：“所谓自由，不是随心所欲，而是自我主宰。”

与其羡慕别人的光彩，不如牺牲自我享受的时间，努力让自己变得充满光彩。如果你想改变平庸的自己，就必须学会自律。当然，每种让人变好的选择背后，都暗藏着痛苦，如果你无法戒除令人着迷的享受，就永远无法站到舞台的聚光灯下享受荣誉。

上帝不会辜负每个努力生活的人，你的每一份自律和坚持，都会开花结果。

只有心中洒满阳光，生活才会充满阳光

每个人都希望自己的人生一帆风顺，可现实与理想总是难以接轨，人生路上总是布满阴霾，写满曲折，甚至夹杂着一点黑暗。

每当你出门在外，总有长辈千叮咛万嘱咐：一定要保护好自己，外面的世界很黑暗，你要小心行事。久而久之，你就变得忐忑不安，惊慌失措，不再愿意相信世界上还有阳光，不再愿意相信希望，渐渐地失去面对黑暗的勇气和决心。

许多人喜欢拿身边的人和事与自己做比较，比来比去，结果发现自己这也不行，那也不行，所有的事情都糟糕透了，整个人变得很沮丧，不断地抱怨生活的不幸，心态随之变得很糟糕。在这样的心态下，你会发现生活也变得不再美好了，因为此时你的心中没有阳光，生活也就变得黑暗了。

如果你的心中充满阳光，眼中的世界必然美丽、光明，此时你看人间必定是太平盛世，看家庭必定是美满幸福，看朋友必定是真情暖心，因为你心中的世界就是眼中看到的世界。

然而，在现实生活中，心中充满阳光的人并不多，大多数人的心中充满阴霾，放不下爱恨情仇、功名利禄。他们在顺境时洋洋得意，忘乎所以；可在逆境中，又怨天尤人、消极抱怨，在心魔的驱使下，饱含怨恨地看待整个世界。

其实，只要你的心中充满阳光，就算周围的环境再寒冷、再黑暗，你的世界也会阳光明媚、温暖如春。

不管你是举步维艰，还是一帆风顺；不管你是深受束缚，还是逍遥自在；不管你是一无所有，还是富甲一方；不管你是衣着简陋，还是貂裘加身，生活给予你的，是同一片蓝天下的阳光。

人生总会给人们许多考验，有些伤痛只能自己背负，有些烦恼只能自己化解，只有当冬天过去了，才能迎接绚丽多彩的春天。佛曰："万法唯心造。"你的心态是怎样的，你的世界就是怎样的，心态决定状态，心胸决定格局，格局决定结局。

先来看个小故事：

一天，路边摆摊卖水果的刘阿姨面前来了一位年轻人，年轻人一来就大声地说："喂，老婆子，这里的人好不好，我想搬到这个地方来住。"

刘阿姨没抬头，只是问道："你以前住的地方人好吗？"

年轻人说："不好，就是因为不好，我才要搬地方的。"

刘阿姨说："那你还是不要搬来了，这里的人和你以前住的地方的人一样不好。"

没一会，又来了一位年轻人，他低声问刘阿姨："您好，老人家，打扰了，请问这里的人好吗？"

刘阿姨抬起头问道："你以前住的地方人好吗？"

这个年轻人回答道："我以前住的地方人很好，他们既热情又善良，我很喜欢他们。要不是因为工作调动，我也不愿意离开他们。"

刘阿姨听后微笑着说："这里的人和你以前住的地方的人一样好，你搬过来吧！"

一样的城市，一样的人，刘阿姨给出的答案却是不一样的。想来你已经知道了：第一位年轻人的内心充满阴霾，不管他走到哪里，都会遇到冰冷、虚伪的人；第二位年轻人的内心充满阳光，不管他走到哪里，都会遇见温暖、诚实的人。

人生亦是如此，所有的事情都在一念之间，心中若有阳光，世界就不会黑暗。心态往往会改变许多事，改变你的眼光、格局甚至人生。

法国作家萨克雷说过：“生活就是一面镜子，你对它笑，它就对你笑；你对它哭，它也对你哭。”的确如此，假如你用阳光、积极向上的心态面对生活，它回馈给你的就是惊喜；假如你整天抱怨，愁眉苦脸，你的世界将被黑暗笼罩。

让心中充满阳光，用乐观的心态照亮自己，感染他人。人生的高度不是由身高决定的，而是由人生的价值来体现的。心中的阳光，不是由太阳照耀的，而是你心灵深处释放的正能量。

要知道，乌云过后一定是晴空万里，阴霾过后必定是阳光灿烂，温暖的阳光可以驱走寒冷和黑暗，只要你在心中留下一缕阳光，世界就不会黑暗，此时你会发现，生活真的很美好。

虽然房子是租来的，但生活依旧可以很讲究

王静大学毕业时，经济比较拮据，在深圳福田区的一个城中村里租了一间房。那里的房子都是村民自建的8—12层小楼，一层四户，房间不足三十平方米，只有简单的木板床和旧桌椅，楼房下面就是下水道，常年有老鼠出没。

王静的家是南方三线城市的一个县城，虽然算不上富裕，但她从小也没怎么吃过苦，这样的居住环境是她从未经历过的。但为了生活，为了留在距离梦想最近的地方，她只能委曲求全。

楼道里住的人很杂，有无业游民、小商贩，也有和她一样努力打拼的人。起初，她只是把这里当成是一个睡觉的地方，因为这样的地方实在无法被称为“家”。她没有给房间购置任何摆设，就连衣柜也只是在网上买了一个简易的布艺式的。晚上下班后，她总是约同学、朋友在外吃饭，逛累了就回去睡觉。

租来的房子，对她而言，不过是一个避免成为无处可归的都市流浪人的暂居地。

后来，王静认识了住在楼下的一个叫雨彤的姑娘，她们同是独自在深圳奋斗的姑娘，也住着租来的房子。可雨彤每天都会晒出自己精心制作的食谱，雅致的桌布，精美的餐盘，用心摆放的食物，看起来是那样的美好。有时，雨彤还会把自己新购的摆件、自制小书柜的照片发上来，获点赞无数。

当然，大家赞的不只是一件件物品。琳琅满目的网上，比它们更

有趣的东西比比皆是，大家点赞的是雨彤对生活的热情：“虽然房子是租来的，但生活依旧可以很讲究。无论我们在哪个城市打拼，无论我们的居住环境多么不堪，都要让生活变得美好，动一动手，美好尽在眼前。”

翻看雨彤的动态，几乎每天都有出租屋里的生活照。蓝白色的窗帘，静谧而恬淡；淡粉色的床单，温暖而整洁；破旧的小柜被包上碎花布，变成小清新式的书柜；布丁瓶里放两束路旁采来的小黄花，散发着生活的希望……

那一刻，王静突然意识到，原来生活还可以有另外的样子，它与我们所在的城市、地点无关，与所住的房子大小无关，唯一有关的是我们的心，我们选择用什么样的方式经营。

受到启发，王静开始重新设计自己的生活：认真地给出租屋做了大扫除；征得房东同意的情况下，买了隔板，做成书架和储物柜；把布艺的落满灰尘的衣柜换成木制的；花了点小钱买了一些有趣的墙贴；又从二手市场买了便宜、实用的小件家具……

在王静的打扮下，原来空荡落魄的出租屋变成了温馨的小窝。置身在亲手打造的小天地里，她减少了外出游荡的时间。这个租来的小房间，让她有了一种归宿感。

时光如梭，如今，王静有能力住上了更舒适的房子。即使没有属于自己的房子，我们也不用慌张，因为虽然房子是租来的，但生活依旧可以很讲究。

在偌大的城市中，多少姑娘能够像王静一样，穿透物质的外衣，看清生活的实质呢？

太多的人，把对生活的热情投入想象的黑洞，不停地告诉自己：“等我有了房子要如何”“等我还完贷款要如何”……在这样的情况下，就连抬起手把厨房水槽里放了几天的碗筷洗干净都懒得做。我们总在想，在心愿实现以前，凑合一下就行了。

事实上，房子是不是租来的，真的不是那么重要。

有房子的人很多，但不是每个人都能把房子营造出家的味道。在这个世界上，有房子而不幸福的人到处皆是。说到底，生活过的是一种仪式感。我们有对美好生活的向往，再简陋的家，也能布置出艺术感。如果没有，即使住上别墅，也一样会发牢骚。

不要再说有了房子、车子，我们就会幸福。不要总觉得真的拥有了那些东西，生活就会大不同。谁又知道，那时的你，是否又对美好的生活有了更高的标准呢？

所以，我们对生活的最好态度就是：任生活虐我千百遍，我待生活如初恋。

凡事，要做最好的准备和最坏的打算

凡事无绝对，不管是在生活上还是在工作中，未雨绸缪、有备无患总是好的。下面就是一个有关“未雨绸缪”的故事。

此时正值夏季，阳光明媚，和风旭日。农夫阿牛正在家里纳凉，突然听到隔壁叮叮当当、敲敲打打，吵得他睡不着。他出门一看，发现邻居阿旺正在修葺自己的房子。

阿牛觉得很奇怪，说：“这样好的天气就应该睡睡觉、打打盹，好好享受这农闲时刻，为什么要在这样美好的时光里做这些伤脑筋的事呢？等以后再修葺也来得及。”

阿旺说：“我也很喜欢这样的天气，也希望以后的每一天都有这样的好天气，但天有不测风云，夏天雨水非常多，如果不趁这样的好天气把房子修葺好，等到下雨的时候就糟糕了。”

阿牛觉得阿旺想得太多了，现在外面这么热，怎么会下雨呢？他还一直劝说阿旺等会和自己一起去河里游泳。可阿旺执意要把房子修葺好，没有同意阿牛一起游泳的建议。

谁知到了傍晚，突然乌云密布、雷声大作，下起了倾盆大雨。这下阿牛着急了，因为他家的房子多年没有修葺，许多地方严重漏水，当他急匆匆赶回家的时候，发现家里的床褥都打湿了，晚上连睡觉的地方都没有。阿牛抱着湿漉漉的被子欲哭无泪。

阿旺知道后只对他说了一句话：“谁叫你不未雨绸缪呢？”

这个故事告诉人们，不管在什么情况下，都要像阿旺一样做最好的准备和最坏的打算，未雨绸缪，有备无患。假如都如阿牛一般只知道享受安逸的生活，而没有看到事情发展趋势，最后只会一败涂地。

其实，在现实生活中，许多人谨慎如阿旺，享乐如阿牛。很多人看过电视剧《温州一家人》，它主要讲述的是温州一个普通家庭的创业史以及命运沉浮，其实也是温州人奋斗历程的缩影。

其中有一段讲述的是男主角在商场上颇有收益后，到陕西开采石油的故事。他用手中所有的积蓄购买了一块地皮，开采石油，可是最后却什么都没有开采出来，后来妻离子散、家破人亡，连吃饭都成了问题，只能沿街乞讨。正当他万念俱灰的时候，得好心人相救，最后有生之前，在子女的帮助下，开采到石油。

其实这个片段，很多人都为男主角不屈不挠、执着的精神所感动，但从另一个角度来说，他的精神虽然是可取的，但在行动上，他做得还不够周全。他只想到开采石油的商机，而没有从实际情况考虑过自己是否有这样的能力和充足的资金基础，一门心思认准开采石油就能赚大钱，甚至不顾一切卖掉老家的房子，做起“中国石油大亨”的美梦。

不过，话说回来，电视剧毕竟是电视剧，男主角最终顺应剧本发展得到圆满的结局，但在现实生活中，又有几个人这般顺遂呢？那些妄图发大财、只想获得暴利的人，甚至倾家荡产炒股、赌博的人，最终都逃脱不了无家可归、流落街头的命运。

当你面对生活和工作时，要时刻抱有希望，因为希望好比人生路上的灯塔，只有沿着它前行才会有无尽的动力，不至于迷失方向。但是，所有的希望要基于现实，能够返璞归真，根据实际情况制订计划，否则容易被希望迷惑，看不清自己。

做最好的希望和最坏的打算，就是在做一件事之前，先问问自己两个关于底线的问题：

一是做这件事，你有什么优势？假如你在做一件事之前，最好先在心里问问自己，究竟有没有与这件事相关的优势？如果没有，请三思而后行。

等你通过自己的努力，有了一定的资本之后再行动，切不可因资金短缺借高利贷创造优势，这只会让你担惊受怕。只有没了后顾之忧，才能帮助你做成大事。

二是假如这件事失败了，你将失去什么？凡事皆有风险，当你看到一件事有良好的发展趋势，且自身条件成熟到可以应对时，在寄托希望的同时，也要做事情失败后最坏的打算。

这些将要失去的损失，你承受得起吗？考虑过这样的问题后，再根据自己的实际情况量力而行，尽量保存实力，哪怕失败了，你还有东山再起的机会。

一个有大格局的人，懂得做最好的希望和最坏的打算。未雨绸缪，用长远的眼光看待问题，才会适应时局变迁，成就大事。

辑五
让现在的每分钟，都在为未来增值

越努力的人，越幸运。生活不会亏待那些真正努力的人，只要我们肯努力，总有一天机会会到来，现在的每分钟才能为未来增值。

把握今天，才能赢得美好明天

小说《飘》的结尾，女主角郝思嘉说："明天又是新的一天。"这句话包含着许多希望和憧憬，因为明天是未知的，有可能发生任何事，所以值得期待。

每当夜幕降临，一天即将过去的时候，你是否又开始期待明天呢？有的人也许会想，今天已经快要过去，虽然还有一些事情没有做完，但明天又是一个新的开始，不如就让今天过去，再期待下一个美好的明天。

然而，明日复明日，明日何其多？当明天到来时，该完成的工作依然没有完成；当明天过去了，该做的事还是没有做完。此时，是不是要对自己说："明天再做吧！"就这样，一天天过去了，落后的工作进度始终没有赶上，和同事间的差距也越来越大。

把希望寄托给明天，这是许多人会遇到的困扰。他们总觉得明天就能做好，一定能赶上进度。殊不知，今天不努力，明天是不会有收获的。

想法再多，都要靠踏实的行动才能实现。如果今天的工作没有完成，就一定要想尽办法去做，而不是想着把事情推到明天。明天又有新的工作任务，如果不能及时完成当天的工作任务，事情就会越积越多，到最后只有两种可能：一种是匆忙赶进度，导致错漏百出；还有一种就是完不成，把工作搞砸。

夏梦大学毕业后，进了一家比较大的贸易公司，在财务部担任出纳。出纳工作既细致又繁杂，夏梦每天要做的事不少，每逢月底还会更忙。

办公室里带她的前辈告诉她：“做财务这一行，一定要今日事今日毕，每一笔经手的业务都要记录下来，否则很容易出错。你作为出纳，每天下班前还要把现金点清楚，你一定要记得。”夏梦听了前辈的叮嘱，认真地点了点头。

由于刚刚参加工作，夏梦的速度比较慢，遇到几个同事一起来找她对接工作时，她就有点忙不过来。因为害怕自己出错，所以在核对时她非常仔细，每天还没做几件事，下班时间就到了。

夏梦总觉得自己的时间不够用。有一次，已经到下班时间了，但工作还没有做完，她觉得自己实在太累了，就决定把剩下的一部分事情推到明天。结果第二天，她除了要处理前一天的遗留工作，还要完成当天的新任务。等到下班时，夏梦又有很多工作没有完成。

她对自己说：“没关系，明天我一定按时完成所有工作。”可是第二天下班时，她依旧没能完成自己的工作。

夏梦大学学的是会计专业，她有一个梦想，就是成为大公司的财务总监。她常常在脑海中憧憬自己当上财务总监的样子，还为此列出自己的计划，总是期待美好的明天。

夏梦的姨妈同样是做财务工作的，知道了夏梦的工作状态后，教育她：“出纳员每天结账，这是你每天应该做的工作，不能拖拉。再说，你不是想当财务总监吗？就必须从现在开始培养严谨的工作作风，从一点一滴做起，才能实现自己的目标。”

夏梦听了以后，十分惭愧，决心要赶上落下的工作进度，于是放弃了周末的休息，加班把积压的工作全部做完了。

在后面的日子里，她对待工作更加严谨认真，而且提高了工作效率。遇到特别忙的时候，夏梦还会主动利用中午的休息时间完成工作。

她明白了一个道理：今天的事绝不能拖到明天去做，因为明天还有新的任务。如果想在未来取得成功，就必须从现在开始。由于夏梦的出色表现，还没到三个月，她就顺利转正成了正式员工。

现实生活中，很多人像从前的夏梦一样，喜欢把工作推到“明天”，“今天”的工作都没做好，却憧憬着“明天”自己会成为一个了不起的人。可是，明天还有明天的事，今天的任务就一定要在今天完成。如果今天不努力，怎会有美好的明天？所以，不要等待明天，今天就开始努力吧！

首先，提高工作效率，做到“今日事今日毕”。完不成当天的工作任务，多半是效率低下，也没有快速行动造成的。当事情已经摆在眼前，应该第一时间采取行动，而不是左顾右盼、迟迟不肯动手。工作的时候，注意力要集中，不要慢吞吞地“开小差”。一旦养成拖拉的坏习惯，就会严重影响工作效率，导致不能在规定的时间内完成工作任务。

如果我们答应了别人要在今天解决某件事，就必须做到当天完成，如果出现了特殊情况无法完成，也必须在当天告知对方。像这样重要的事，可以写在纸上，作为当日必须处理的重点事项，这样就不容易忘记了。

我们还可以给自己制作一个工作进度表，规定完成时间，加上一些强制性条件。比如，没做完就不许下班等，起到督促的作用。学会合理规划时间，是提高工作效率的重要措施。工作事务繁多，我们应该分出轻重缓急，先做紧急的事，再做重要的事。只有完成当天的工作，明天才能有一个好的开始。

其次，给自己规划好每一个“明天”。做事是否有计划，也能够体现一个人的工作能力。我们可以从安排第二天的工作开始，练习提升自己的计划能力。可以在每天的工作完成后，制订一份明天的工作计划。比如，明天要完成哪些工作，拜访哪些客户，按照轻重缓急的顺序，把它们列举出来，并规定好完成时间。

制订每日计划的同时，可以为自己安排周计划、月计划，更宏观地把握工作进度。还可以根据情况提前做一些，以减轻后面的工作负担。制订长远的工作计划，对职业发展有着更明显的作用，它可以帮我们完成一些阶段性目标。如果说每日计划是完成工作的保障，长远计划就是我们工作的大方向。

最后，一定要保持好习惯。除了做到今日事今日毕、给自己定计划外，还要养成良好习惯，帮助我们提高效率。比如，办公用品要摆放整齐，办公资料要做好分类，使用时我们能很快找到，大大节约时间。

当然，在这个过程中，我们要注意劳逸结合，不仅可以让紧张的大脑得到休息，还能提高效率，达到事半功倍的效果。该工作的时候就认真工作，该放松的时候就要好好放松，不要一边工作一边玩。很多人喜欢一边工作，一边和朋友聊天，或者做几分钟工作，就拿起手机玩一会。这种不专注的工作方式，都是影响工作效率的坏习惯，应该予以改正。

只有争分夺秒，才能高效率地完成工作，剩下的时间，我们就可以自由安排。无论是用来学习，还是用来提前完成后面的工作，都是很好的选择。没有今天就没有明天，只有今天多学一点，多做一点，明天才能有更多的资本迎接挑战。

明日复明日，明日何其多。我生待明日，万事成蹉跎。把希望寄托在明天，是做不成任何事的。等待明天就是在虚掷光阴，所有的“明天”都是未知的，只有牢牢把握每一个“今天”，才能赢得美好明天。

读书或旅行，身体或灵魂，必须有一个在路上

我们常说：“世界那么大，我想去看看。”几乎所有的人都想去看看这个美丽的世界，都想来一场说走就走的旅行，实际上做到的人非常少。

你接触的事物越丰富，你的人生也会变得越饱满。当你亲身感受这些不同的环境、风俗和文化的时候，你的眼界和世界观也在发生变化。

美国一位教育专家说过：“大自然是世界上最有趣的教师，它的教益无穷无尽。”看看精彩缤纷的世界，体会它所带来的千姿百态，是一件美好又有意义的事情。

正所谓，站得高看得远。视野决定你的见识和思维。多看看外面的世界，你的视野才会越来越开阔，见识才会越来越多，格局才会越来越大。这样当你面对今后的人生时，就不会局限于以往的小格局，很多事情自然就会水到渠成。

当然，也有人说，如今网络已经越来越发达，世界已经变成了一个“地球村”，只要有网络，就可以通过朋友圈和微博等领略到不同的地域风情，何必不远千里、不辞辛劳地东奔西走呢？

话虽如此，可你要知道，就算网络再便利，照片再高清，介绍再详细，所有的一切只是存在于你的手机里，是死的文字和图片，代替不了身临其境的感受。

去世界各地看看，不全是为了迷人的风景、异域的风情和不一样

的历史文化，而是为了扩充阅历，增长见识，丰富自己的内心。在旅行的过程中，你会接触到更多的人和事，会从这些不一样的人和事中逐渐形成多元的价值观和人生观，这些都是网络不能给予的。

正如现在流行的一句话："要么旅行，要么读书，身体和灵魂，必须有一个在路上。"只有接触更多广阔的世界和更多先进的思想，你才能拥有更宽阔的视野和格局，这样你的人生才会越来越好。

古人云："读万卷书，行万里路，二者不可偏废。"古人把"读万卷书和行万里路"当作一种境界和追求，这是因为旅行和读书的结合，能真正让人开阔眼界、增长知识。因此，你在看看世界的同时，不要把读书荒废了，要知道，读书是人们了解世界的窗口，是人们掌握知识的途径。

当你的书读得多了，掌握的知识也就更加丰富，此时你再出去看世界，就能更好地感受世界的广阔和自然的奥妙，进一步增长生活阅历。假如你只是为了到此一游、看看花、观观景，此行就会变得毫无意义。

如果你想看到更广阔的天空，想与更多优秀的人交流，想学习更多先进的思想，读书是必不可少的。毕竟一个人的精力和时间有限，你不可能走遍世界各地，但可以博览群书。

思想家培根说："书籍是在时代的波涛中航行的思想之船，它小心翼翼地把珍贵的货物运送给一代又一代。"因此，如果你想增长见识，开阔眼界，除了旅行之外，还有一种方式，那就是读书。

就算你没有时间和条件游览世界各地的美景，但可以在书籍中领略到极光的美、热带雨林的荒野和草原的辽阔；就算你不能回到古代亲自聆听孔子、孟子讲学，不能亲自见到李白、杜甫这样的文人墨客，但可以通过他们的文字和诗词感受他们的思想和精神；就算你不能亲自前往外太空探索宇宙的奥秘，但可以在书籍中见识宇宙的浩瀚、人类的渺小……

读书对人们来说具有非常重要的作用，可以让你成长，看得更长远；可以让你穿越时空，见识到最美丽的风景和最神秘的事物；可以让你增长见识，扩宽思路，拥有独到的见解；可以让你不陷于愚昧，明真理，辨是非，拥有大智慧、大格局。

世界很大、很精彩，一定要多看看、多读书。这不是为了炫耀，而是为了让人生变得更豁达。要么旅行，要么读书，身体和灵魂，必须有一个在路上，这样你的心胸自然宽广，格局自然变大。

别在该奋斗的年纪，选择了安逸

相信大家都听过这样一则寓言故事：

有一天，南风和北风相遇了。看到大街上来来往往的人们都穿着厚厚的棉袄，于是它们想比试比试，看看谁能让行人把厚厚的冬装脱下，谁的威力就大。

于是，北风先来，为了显示自己的能耐，它铆足了劲，刮起了瑟瑟寒风，一次比一次猛。可没想到，人们不仅没有把衣服脱掉，反而还裹得紧紧的，就连围巾、帽子、手套等御寒的东西都戴上了。

轮到南风了，只见它不紧不慢，徐徐吹来一阵阵暖和的风。没一会，路上的行人就感受到了暖意，纷纷把身上厚重的棉袄脱下，享受和煦的暖风。就这样，南风赢了北风。

这则寓言故事告诉我们这样一个道理：当人们身处寒冷和恶劣的环境时，会本能地寻求庇护，保护好自己，拒绝环境带来的伤害；而当人们身处温暖、舒适的环境时，会不自觉地放松警惕，沦陷在安逸的环境中。安逸的生活容易使人失去斗志，忘却自己的理想和目标，最终向残酷的现实举起白旗。

曾筱不仅人长得漂亮，学习成绩也非常好，还是系花。大学毕业前，曾筱和同学们在宿舍一起谈论毕业后的目标，她说自己想去大公司做销售，因为她的堂姐就是做销售的，虽然很累，但收入很高，她想过像堂姐一样的生活。

然而，事与愿违，曾筱毕业后确实进了一家大公司，但没有进入销售部，而是进了行政部，从此过上朝九晚五、没有压力、没有激情、按部就班的白领生活。

她每天坐在办公室，抬头就能看到不远处的江景，工作也比较清闲，不用四处奔波，倒也乐得自在。在这样悠闲的日子里，曾筱把大好的时间花在一些没有意义的聚会和电视剧上。就这样过了三四年，眼看着身边的同学、朋友一个个买房、买车，曾筱打心眼里羡慕不已，于是她开始抱怨，抱怨命运的不公，工资少、没前途。

可每当朋友问她是否考虑换一份有挑战的工作时，她却把头摇得像拨浪鼓一样，说："只能想想，不敢换，也不能换，我已经习惯了这样安逸的生活，再让我重新找工作、面试，怕折腾不起。销售这样有挑战性的工作，也不太适合我，我怕没有业绩。"

然而好景不长，一年后，曾筱所在的公司效益不好，开始大规模裁员，曾筱的名字就在其中。

就因为她在本该奋斗的年纪选择了安逸，几年后就失去了当初的斗志和激情，以至于被公司淘汰。

其实，不管是在工作中还是在生活中，永远没有绝对的安稳，那些看上去很安稳的生活，也许隐藏着暗礁。我们要明白，越是追求安稳，就越害怕失去，就会在安逸的生活中失去更多。

人生何其短暂，我们应该有所追求，千万不要在本该奋斗的年纪选择安逸。我们还年轻，应该努力、奋斗、拼搏，不要把人生目标丢失在安逸的生活中。

不管我们是贫穷还是富贵，都应该拥有一份属于自己的工作，努力做自己喜欢的事，让人生充满意义，这样才不算虚度光阴，不至于白活一场。我们在奋斗、在成长，就算前进的道路充满荆棘，也觉得内心无比踏实。

刘婷是一个四十来岁的优雅女人，过着大家梦寐以求的生活：住着别墅，开着豪车，每天的生活多姿多彩，除了偶尔去自己的公司巡视一番，就是和朋友喝喝茶、逛逛街、美美容，闲暇时也会来一场说走就走的旅行，生活好不惬意。

许多人对刘婷的生活羡慕不已，说她上辈子是不是做了什么好事，这辈子才能有这么好的福气，拥有这么优渥的生活。每当有人问刘婷这个问题时，她都笑着摇摇头说："我所得到的一切不是凭空而来的，都是我年轻时通过自己的努力奋斗换来的。"

年轻时的刘婷曾像大多数人一样，做着一份稳定的行政工作，每天朝九晚五，按时上下班，每月的工资饿不死也撑不死。时间长了，刘婷觉得自己不仅没有学会新技能，反而在安逸的环境中渐渐失去斗志，这引起了她的警觉。意识到这个问题后，经过再三思考，刘婷向公司提出申请，希望进入有挑战性的销售部。

然而，做销售并不是一件容易的事，不仅经常热脸贴冷屁股，还得二十四小时随叫随到；不仅陪吃陪喝赔笑，还要忍受客户的刁难。虽然做销售很艰难，但刘婷都忍了下来，她已下了决心，即使再苦再难都不放弃，不想在本该奋斗的年纪选择安逸。

这份工作很辛苦，也让她吃尽苦头，但也磨炼了她的性格，提高了她的能力。在与客户周旋的过程中，她为人处世的能力在不断提高，学到了许多以前不曾接触的知识。

为了提高业绩，争取更多的客户，那时的刘婷真的非常拼命、努力。当别人已经吃上热腾腾的晚餐时，她却依旧奔波在拜访客户的路上；当别人躺进温暖的被窝时，她却依旧在修改方案直至凌晨。

她记不清自己吃了多少次闭门羹，也记不清遭受了多少次白眼。就算如此，她依然没有轻易放弃。终于，她的努力得到回报，苦尽甘来。她由一个什么都不懂的外行，一步一步成长为销售组长、部门主管、销售经理。

就在所有人都为刘婷叫好的时候，她却做了一个出乎所有人意料的决定——辞职。凭借做销售时积累的经验和人脉，她自己开了一家公司。在公司创立初期，她几乎每天晚上都加班到凌晨，无论大事小情，都亲力亲为。

刘婷身边的亲戚、朋友都为她觉得惋惜，放着这么好、这么稳定的工作不要，却要自己瞎折腾，让自己这么累。可是刘婷不这样认为，她说："年轻时就应该奋斗，累点、苦点没关系，现在吃点苦，以后的生活才会更甜。"

正是因为她抱着这样的想法，几年后，她的公司开始步入正轨。渐渐地，在她的努力下，公司在当地变得小有名气，营业额一年比一年高。

不要羡慕别人的生活，不要嫉妒别人获得的荣耀，要知道，成功不是凭空想象的，而是靠努力拼搏换来的。如果我们先天条件不足，就要比别人更努力，比别人睡得晚、起得早；比别人跑得快、做得多。只有这样，我们才能通过努力，过上自己想要的生活，开启美好人生。

就算生活欺骗了我们，就算命运对我们百般不公，也不要轻易放弃自己的理想和追求。就算上辈子修来的福气真的让我们捡到天上的馅饼，也不能因此失去生活的斗志，被生活假象所蒙蔽。

别在该奋斗的年纪选择安逸，再不开始奋斗就老了。与其羡慕别人的生活，不如好好思考自己的人生，是继续选择安逸的生活，还是努力拼搏一把？要相信，总有一天，我们也能站在自己曾经仰望的高度，说："我知道自己能行！要相信，自己值得拥有更美好的生活！

生活究竟为什么，你就是答案

生活中，本来就没有让人绝望的处境，只有对处境绝望的我们，是自己将绝望带入生活。我们如何对待生活，生活将怎样对待我们。当接受了生活本不容易时，我们也会变得轻松。

其实，人生的不同阶段，我们都会有这样的困惑："为什么要努力学习？""为什么要拼命加班？""为什么同事都不喜欢我？""为什么别人过得比我开心？""为什么我的生活会过成这样？""为什么要对不喜欢人强颜欢笑？""为什么……"太多的为什么，如鲠在喉。

生活究竟是为了什么？不是每个人都能在困惑时找到答案，但我们不能为了寻找答案而生活。只要我们沉静下来，自然会找到答案。

林东刚进报社的时候，不管做什么都非常积极，生怕自己被淘汰，别的编辑每周报五个选题，他会努力报十个，虽然从来没有被采用，但他仍然坚持。其他同事正常时间上下班，他一天要工作十几个小时，只为做到更好，有时还会通宵赶稿。就算如此辛苦，他从来不发一句牢骚，因为他喜欢自己的工作。同事都不理解他这么拼命干什么，他说只想给自己一个努力的机会，虽然很累，但每天都激情满满。

一天，办公室只有刘主编和庞主编两人，林东从外面采编回来，刚好听见两人在说话，林东清楚地听到刘主编说："林东做编辑完全不行，不如让他走吧。"林东记得自己听到这句话时都不敢移动，只觉得脑袋“嗡嗡”的，这么久以来所有的坚持、努力和自信都被击得粉碎。他一直站在办公室外面，不敢进去问到底自己是哪里不好，心里一直在想自己的坚持是否错了，是否真的要离开自己喜欢的行业。

就在他犹豫不决的时候，突然听到庞主编说：“我认为林东挺好的，他有想法，做事认真负责，又能坚持，在不久的将来，他一定可以成为一名合格的编辑。”

对刚参加工作的林东来说，不知道自己究竟有什么优势让自己无可替代，每天都过得小心谨慎，努力创新，可还是得不到回报。听庞主编这样说，他突然意识到，自己真正的优势就在于坚持不懈、不妥协，可以为了一件事付出所有的努力。如果我们在工作时能真正发挥自己的优势，比寻找捷径更重要。

还有一次，林东经过校对编辑的办公室时，正好看到校对编辑对他的领导说：“那个林东来了也有一段时间了，写的都是什么，以后再让我校对，我可不管了。”这位校对编辑的话就像针扎一样，刺痛了林东的心。可他依然鼓足勇气走过去，笑着对校对编辑说：“不好意思，给您添麻烦了，我以后会注意。”本来他还想寒暄一会问自己的问题究竟出在哪里，结果对方看都没看自己，转身就离开了。

林东没有直接回办公室，而是在楼道抽了一根烟，这样会让他觉得舒服一点。他在心里告诉自己：“人可以因为委屈而作践自己，但不能为了生存而放弃原则。”他所遭遇的一切正好被庞主编看在眼里。当他回到办公室后，庞主编二话没说，拉着林东来到刚刚那个校对编辑的面前说：“以后林东的稿件必须给我好好校对，稿件质量好不好，不是你说了算，如果你不想校对，可以走了。”

林东站在庞主编身后，心里充满感激，在他感觉最无助、想要放弃的时候，是庞主编给了他答案，让他明白自己不需要为了工作而妥协，同时也让他意识到，对于一个职场新人来说，最重要的不是安慰、鼓励，而是当他们感觉最没有安全感的时候，和他们站在一起，这比什么都重要。

就这样，林东凭借自己的努力和坚持，在前辈的帮助下，慢慢地从新人成长为报社的一员大将。他一直在心里铭记庞主编带给他的帮助和温暖。正因如此，工作这么多年来，他也始终把这份坚持和温暖传递给那些像他一样无助、彷徨的职场新人。

不得不说，生活确实很艰辛，就算我们才华横溢，也免不了被生活所折磨。每个人或多或少都会体会到生活的苦楚。既然生活如此艰辛，我们又是为了什么呢？不妨冷静下来看看，其实我们自己就是答案。

人活着就是一种坚持，有的人是坚持自己的梦想，有的人是为了证明自己的存在，有的人是为了某个人。不管我们坚持的是什么，只要不放弃，总有一天会得到应有的回报。我们定好目标后，就要义无反顾地朝着目标努力，勇往直前。

当我们的坚持得到一些回报时，就会发现，其实生活比我们想象中的要幸福。当然，这一切的前提是我们能接受一切不可能的情况，坚定自己的心一路向前，承受生活的苦难和困境。要知道，只有当一个人经受住生活的考验，才能取得更多的成绩。

生活本就是一个不断学习和积累的过程。在这个过程中，免不了会遭受挫折和苦难，幸福不会锤炼我们的意志，可苦难却能帮助我们塑造坚强的品格。只有在苦难中不断锻炼自己，我们才能过上自己想要的生活。

越努力的人越幸运

俗话说：“世间自有公道，付出总有回报。”这个道理大家都懂，但我们依旧听到身边的人在抱怨：“为什么我这么努力，却没有得到应有的回报？”其实，之所以我们还没有得到想要的回报，不是因为生活不公，而是时机未到。

世界上所有的事都有一个过程，就像“花开花谢，瓜熟蒂落”一样，时机到了，好运自然会降临到我们身边。但在时机还没有到来之前，我们不能松懈，而是应该一边继续努力，一边耐心等待。

倩云是一个普通的女生，个子不高，五官不出众，穿着也不时髦。像她这样的姑娘，普通得不能再普通了，如果丢在人群中，很快会被那些气质出众的都世丽人所湮没。她所在的公司位于市中心的高档写字楼，可是她的穿着打扮却与这一切格格不入，但她并不在意这些。

这份工作是倩云的朋友为她“走后门”找到的，在编辑部做实习编辑。她很珍惜这份工作。刚开始的时候，倩云按照主编的要求写了几期稿件，可是都没有通过，因为主编认为倩云写出来的东西实在“拿不出手”。在主编看来，倩云虽然勤奋，但写出来的稿件确实只能算勉强合格，再加上公司其他员工都比她能力强、学历高，所以经常让她做些打杂的事情。

倩云知道自己的不足，她比以前更加努力。每次，主编和同事们一起讨论选题或是闲暇之余开玩笑时，她总是在一旁微笑地看着、默默地听着，仿佛自己不是编辑部的一员。

碍于朋友的关系，刚来公司时，主编还没说什么，可是后来主编发现倩云的能力真的很普通，态度就渐渐不一样了。好几次，开会讨论选题或是汇报工作任务时，主编都会讽刺道："倩云，如果下次你报的还是这种毫无新意的选题，就不要再拿出来浪费大家的时间了。"

其他同事听到主编的话都窃窃私语。私下里，不管同事们怎么冷嘲热讽，她都不生气，也不气馁，而是更加勤奋、更加努力。有些同事看她好欺负，就把自己的工作交给她做，而倩云从来不抱怨，因为她认为自己的能力确实不如别人，正好需要多多练习。

当其他同事都按时下班、吃饭、逛街、做美容的时候，倩云总是在办公室里加班。当她遇到自己不懂的专业知识时，就会趁着空余时间上网查资料，直到自己真的懂了。

编辑部有一个工作群，平时大家都会在群里讨论选题、脚本和相关工作资料，方便大家参考。其他同事一般只会关注与自己工作有关的信息，而倩云总是认真阅读所有信息，然后从中筛选出自己认为有用的，并做好相关笔记。

周围的朋友不解地劝她："你能不能不要这么傻，只要做好自己的工作就可以了，何必自讨苦吃？"倩云每次都笑着说："本来能力就不出众，再不努力怎么行，这些事还能提高自己的能力，何乐而不为呢？"

一天，公司临时要求编辑部在期刊上加一个新主题，时间非常紧迫，两天后就要见到原稿。因为事出突然，其他同事都不愿意接这个活，可是倩云却主动接受了这个任务。主编很是惊讶，但依旧严肃地说："这可不是开玩笑，你真的能做好吗？如果不行，就不要逞强。”

倩云斩钉截铁地说：“主编，请相信我，我可以的。”那一刻，主编从倩云的脸上看到从未见过的自信。同事们看着倩云的举动，认为她是疯了，个个都在背后议论：“这次看她怎么‘死’的，真是想出名想疯了。”

结果，出乎所有人的意料，倩云不仅按时交了稿，主编还非常满意，由她负责的主题受到读者的一致好评。就连平时瞧不起她的主编，也对她竖起大拇指，还号召其他同事向倩云多学习。

有人也许想不通为什么资质平平的倩云能脱颖而出？其实，她的成功是靠平时一点一滴的努力得来的，当其他同事聚在一起闲聊的时候，她却在收集资料，浏览新闻热点；当其他同事早早下班的时候，她还在办公室加班。

越努力的人，越幸运。生活不会亏待那些真正努力的人，只要我们肯努力，总有一天，机会会到来。正是因为倩云的努力，她才有底气接下别人避之不及的烫手山芋；正是因为她的成功救场，让她在公司一夜成名。从那以后，大家才知道，编辑部有个叫倩云的编辑，认真负责，从不拖稿。后来，一家公司高薪聘请她为主编，与和她同期进公司的人相比，倩云成了人生赢家。

其实，生活中，许多人都像倩云一样没有天分，却依靠后天的努力获得了成功。他们没有背景、天赋、经验，也不懂得阿谀奉承、溜须拍马，只知道勤奋努力、埋头苦干。

在努力奋斗的过程中，他们也许会遭到别人的白眼，会受到前辈的刁难，但从不会因困难而放弃前行。他们会坚持寻梦的道路，努力努力再努力，创造属于自己的明天。

我们要像倩云一样即使面对冷嘲热讽也毫不在意，不会因为别人的打击就轻易放弃目标，不会因为别人的嘲笑而自卑。我们要利用一切机会，不断提升自己，完善自己，等到时机成熟，绽放出自己最美的姿态。

所有的一切并不是别人口中的运气好，而是经过自己多年的努力奋斗而来。请相信，上天不会亏待那些努力的人，就算回报姗姗来迟，终有一天会以其他形式回馈于你，因为你的努力值得等待。

不忘初心，拒绝妥协

约瑟是《圣经·旧约全书》中的一个重要人物，他出生于富贵之家，从小受到父亲的百般宠爱，这让他的哥哥们非常妒恨。约瑟十七岁时被哥哥们设计，辗转被卖给埃及法老的护卫长波提法为奴。因为他的聪慧能干，很快受到护卫长的器重，而他秀雅俊美的长相也被女主人垂涎，但多次诱惑未果。有一次，约瑟进屋办事时被女主人缠住，他在挣脱跑出来时，女主人趁机把他的衣服脱了下来，然后诬陷约瑟非礼自己，衣服就是证据。护卫长听后非常震怒，把约瑟关进了大牢。

我们的一生都在选择，如果选择放下心中坚持的原则，向他人、命运妥协，这样或许会得到好处，但妥协的次数也会越来越多；如果选择坚持自己的原则，不妥协，或许会为自己带给灾祸，但却能保持本心。故事中的约瑟在即将混出一点名堂时，就面临着这样的一个重大抉择：向女主人妥协，将来必将能在护卫长的家里更加亨通；不向女主人妥协，必将失去自己努力得来的一切，甚至会有更严重的后果。

但约瑟选择了不妥协。所以，他必须承受严重的后果，被送进监狱，这样看来，好像不妥协百害而无一利。如果约瑟当初选择妥协，起码不会失去自由，但这并不是他的结局。两年后，约瑟因曾在监狱帮助酒政解梦，被酒政举荐给法老，他解读出了法老那个无人能解的梦，从此得到法老的器重，后来位极人臣，这样看来，不妥协也许会

“柳暗花明又一村”。

说到妥协，有这样一位博士就一次又一次地面临这样的选择。他是国内某知名大学的博士，受邀在美国做学术交流。

学术交流期间，这位博士和当地的老师一起写了一篇论文，将在业内有名的杂志上发表。这位博士国内的导师知道消息后，要求在论文上加上自己的名字。面对导师的要求，博士无奈妥协，合作的老师同样来自中国，深知国内的人情世故，于是勉强同意了他的要求。

可是谁曾想，这位博士的导师居然得寸进尺，要求博士把自己的名字放在第一作者的位置上，不然就不让他毕业。这让博士非常为难，也很迷茫，不知道到底是妥协还是不妥协。

面临进退两难的抉择时，到底是选择妥协，还是不妥协呢？或许一次妥协后自己可以暂时得到好处，但必将需要一系列的妥协来支撑。这位博士就是一个很好的例子。如果他一而再、再而三地向导师妥协，的确可以顺利地拿到博士学位，而国外的合作老师或许会因此为难，再次勉强帮助这位博士，但他以后将再无可能在学术、事业上得到国外合作老师的帮助和提携。

如果这位博士选择不向他的导师妥协，虽然他可能无法拿到博士学位，但也不会受到国内导师的束缚，那位美国合作老师必定因此同情他，或许会帮助他在美国开启自己的事业。加上这位博士已经在国外知名期刊发表过论文，有没有国内的博士学位，也没有那么重要，今后必然能靠自己的努力做出一番成就。

冰心说过“从心所欲不逾矩”，想要遵从自己的心，不做自己不愿意做的事情，就要有选择不妥协的勇气，因为不妥协势必要付出代价。只要相信自己，不妥协将来必定能为自己带来更多的补偿。

人生在世，总要活出自己的样子，而不是被他人威胁，活得没有自我。所以，我们要坚持原则，遵从内心，选择不妥协，不被眼前利益蒙蔽双眼，看到远方的精彩，而不是暂时的安逸。

虽说“水往低处流，人往高处走”，但要建立在不妥协的前提下。妥协和将就的人生，换来的只能是得过且过。难道你愿意到了迟暮之年，在回首年轻的往事时，才发现自己的人生多么不上进吗？

人活于世，最可怕的不是失败，而是为了避免失败而选择安逸、妥协、将就。选择妥协，将就地过，只会一生碌碌无为。所以，面对不满意的工作时，不要妥协，换掉它；面对不合适的对象时，不要妥协，离开他；面对不喜欢的圈子时，不要妥协，重新选择。

人生总要在不断放弃不想要、不合适、不喜欢的情况下，才会遇到自己想要的、最好的生活不妥协的人生，才是最精彩的。

人应该诚实地面对自己的心，勇敢地坚持原则，过成自己喜欢的样子。为了心中想要的未来，我们应该抛弃犹豫、妥协、讲究，大声地对不喜欢的事物说“NO”！这样我们才能活出自己想要的样子。

不忘初心，拒绝妥协。对于你我而言，未来的路很长、很累、很苦，但即使如此，我们也不能选择将就。

不想认命，那就努力提升自己

面对现实的残酷，生活的无情，许多人不想就此认命，但如果我们只是想想，改变不了自己的命运。唯有努力奋斗，提升自己，心中才能有底气，让我们的人生光芒四射。

刘晓思的妹妹有一个同学叫陈诺。陈诺个子小小的，皮肤暗黄，虽然笑起来很好看，可是整个人看起来土里土气的，用现在的话来说，就是整个人都很LOW，一点都不像年轻人。

刘晓思在人才市场上看到陈诺的时候，她正拿着简历站在一家企业展位前若有所思，当她看到刘晓思后，才勉强地挤出一丝微笑。从那以后，刘晓思再也没有见过陈诺，只是偶尔会想起她，替这个既没有颜值、能力又不太出众的姑娘担忧。有时候，刘晓思会想：在如今这个竞争激烈的社会，陈诺会走多远呢？会不会被现实磨灭了棱角后，随便找个人结婚，得过且过？

后来，刘晓思通过妹妹断断续续了解了一些陈诺的情况。原来，她没有被现实击垮，而是一直非常努力地提升自己，不仅报考专升本，还学习古筝、烘焙，后来考取了本校研究生……

关于陈诺的故事，刘晓思只是一直在听说。直到有一天，刘晓思偶然在一次会议上见到了多年未见的陈诺。如果不是主办方念到陈诺的名字，刘晓思都没认出来，站在她眼前的陈诺画着精致的淡妆，衣着得体，不再唯唯诺诺，虽然五官依旧不漂亮，但举手投足间，尽显优雅从容。

看到陈诺的变化，刘晓思很惊讶。会议结束后，陈诺告诉刘晓思，自己在找工作的灰暗岁月里，真的很想放弃、想认命，可一想到自己今后没有尽头的人生，她下定决心改变自己，不想就此认命。

不想认命，就要付出努力，逃避不是解决问题的办法，于是她努力提升自己，让自己有底气对抗命运。她说自己抱着“人丑就要多读书”的想法，一门心思再次投入学习，当身边的人都嘲笑她不会享受生活的时候，她毫不在乎，挑灯夜读，甚至奋战到凌晨。

虽然努力的过程艰辛无比，但陈诺坚持了下来。她知道，要想得到自己想要的东西，就必须付出更多的努力，提升自己，改变自己，这样才能得到更多。除此之外，她还利用空余时间学习古筝、烘焙，从气质上提升自己。

终于，苦尽甘来的陈诺迎来了属于自己的春天，她通过努力改变了命运。研究生毕业后，她留校任教时认识了一位志同道合的老师，两人携手走进婚姻的殿堂。

看到陈诺的改变，我们是否会想起自己的过往？ 是否后悔当初没能像陈诺一样努力修炼、改变自己？如果也曾改变，今天的境遇会不会不一样呢？

与那些什么都有的人相比，陈诺几乎是一无所有，正因如此，她才不靠天、不靠地，凭借自己的辛苦努力，换来后半生的幸福。

说起底气，不得不提娱乐圈的才女徐静蕾，她的身上有知性优雅、温婉从容，更重要的是有一份独立和自信。

当年的“四大花旦”，三人早已嫁为人妇，只有她依旧不紧不慢，活得潇洒。她也曾对外界坦言自己不想通过婚姻证明什么，她的安全感来自自己，所以这么多年，她只恋爱不结婚，冷冻卵子只是不为以后留下遗憾。

这样一个有才情的人，所走的每一步都和别人不一样。她不在乎世俗的眼光，不理会别人的看法，只想活出最真实、最有底气的自己。

说到底气，她是真的有，因为她的才情非一般女明星能比。她写得一手好字，携手方正电子发布了“方正静蕾简体”；创立过《开啦》电子杂志，当过博客女王、导演、监制，也曾自编、自导、自演过电影……

三十八岁的她突然离开娱乐圈，去国外读书，给自己充电。她又学习陶艺，重新进入影视制作新的作品。她做的每件事看似随心所欲，其实是在努力提高自己，力求把每件事都做到最好，她的底气越来越足，人生越来越精彩，无论走到哪里，都光芒耀眼。

许多人羡慕徐静蕾，渴望像她一样活出自我，随心所欲，可是光羡慕，又有什么用呢？她的自信、底气、能力都是靠她一步一步努力而来的，如果我们不努力，又何来光芒？

要知道，每个人的成功都不是偶然的，只有我们付出努力，积累了一定的实力，才能有足够的勇气面对未来的生活。

有些人面对残酷的现实，不想努力，轻易地放弃人生目标，任凭自己沦陷在现实的迷雾中。当然，这些人中还有一些心高气傲、整天做着白日梦却不付出努力的，他们自我安慰道：“现如今，努力还有用吗？努力了，又能怎么样？还不是拼不过那些‘富二代’，我还不如老老实实地安分守己呢？”

正所谓“靠天靠地不如靠自己”，在这个世界上，靠谁都不如靠自己。如果不想认命，只能靠自己，才是最靠谱的。用自己的实力、能力和底气说话，努力改变自己，改变命运。你都不曾努力，怎会知道努力不能帮你改变命运呢？

一个人的外表只能起到锦上添花的作用，只有自身有底气，才能真正光芒万丈。不管我们以前是怎样的，从现在开始，不要把希望寄托在别人身上，如果想要改变自己的命运，就要努力拼搏，提升自己，活出自己想要的样子。

你所吃过的苦，终将化作你人生的甜

大四那年，李梦和艳丽都选择考研，然而遗憾的是，两个人都没有考上。心中的梦想没有实现，两人多少有些不甘心，于是便互相鼓励，决定再奋战一年。就这样，毕业后，当其他同学纷纷踏入职场时，李梦和艳丽却一起在学校旁边合租了一套小房子，开始了备考生活。

考研的生活很苦闷，每天六点，两人准时起床，简单地梳洗过后，便去自习室，一头扎进漫无边际的题海，直至自习室关门。因为上一年考研的失败，两个人的内心深处，多少背负了一些压力，所以与其说是复习，更像是一场人生煎熬。

那一年，因为发挥失常，两个人又双双落榜。当时，李梦决定再奋战一年，便邀约艳丽一起。而艳丽却在接二连三的失败中，产生了一丝懈怠，又因考研实在太苦，她不愿意再重复那种黑暗无边、看不到希望的生活，不愿再经受每天两点一线、毫无生趣的煎熬日子。她向往外面的世界，想要奔赴自己新的人生，于是决定放弃。

其实，李梦也觉得考研很苦，但因为舍不得放弃，所以选择了坚持。

艳丽运气不错，告别了考研的岁月后，很快就找到一份还算安稳的工作。虽然工资不高，但脱离了那种煎熬的学习生活后，艳丽就像重新回到天空的小鸟，自由奔放，快乐翱翔。

在艳丽找到新的人生方向时，李梦仍在考研的苦海里奋战。有时候，她也想放弃，也觉得绝望，可是一觉醒来，依然会准时去自习室报到。

功夫不负有心人。第二年春天，李梦终于熬过寒冬，迎来春天，考取了自己心仪学校的研究生。

结果出来的那一年，李梦给艳丽打电话，在电话里说着就突然痛哭起来。三年的时间，她抗过了屡次失败的打击，承受住了别人都在工作自己却花着父母钱的压力，过着看不到希望、苦行僧一般的生活。而这些苦，终究都化成糖，变成一张走进理想大门的通行证。

而艳丽在那个春天也有收获。她遇到了自己的真命天子，和一位同事相爱了。到这时，两个人的人生看起来都还很不错。

读研的第二年，李梦参加了艳丽的婚礼。那一天，看着满脸幸福的艳丽，李梦感慨地说，如果当初自己没有选择考研，也许如今也成了美丽的新娘。

读研期间，李梦依然刻苦。后来，她被导师推荐，去国外做了一年的交换生。再回来的时候，艳丽已经是一岁孩子的妈妈了。

再后来，李梦继续读完博士，顺利留校任教了。某次研讨会上，她认识了同样博士毕业、做科研的老公，没多久就步入了婚姻殿堂，日子过得十分幸福。到这时，她和艳丽的命运开始走上不同的道路。

生了孩子的艳丽，休完产假回到职场，原来的位置被新人顶替，只好换岗，从头再来。然而，烦琐而辛苦的工作，让她十分不适应，再加上孩子没人看管，索性就辞职做了全职太太，每天忙于孩子和家庭，日子过得十分苦闷。

更致命的是，家庭主妇做久了，之前很爱她的老公在升职后，开始嫌弃她跟不上时代，不仅言语间开始有了轻蔑的态度，更有了出轨的倾向。艳丽后来也试图重新回到职场，可是在家的那几年，她之前积攒的工作经验几乎全忘光了，再找工作一点优势也没有，尝试了几次，就灰溜溜地放弃了。

如今，艳丽的生活过得十分苦闷，没有工作，和老公关系冷淡，唯一的安慰大概就是孩子可爱、懂事。

同学聚会的时候，李梦刚刚陪老公去国外参加交流会回来。当同学们围着李梦观看他们夫妻在国外旅游的照片时，艳丽在一旁喝着红酒感叹，如果当初她没有因为怕苦而放弃考研，再咬牙坚持一下，也许今天，她的生活便不会是这样的光景。

可是人生，没有如果。

明明当初是两个人一起奋斗，面对同样的煎熬，李梦选择了咬牙坚持，最终她吃过的所有苦，全部化为生活的甜；而艳丽因为不堪忍受中途退出，最终品尝了更大的苦果。

李梦和艳丽的故事，值得我们深思。人生是一场旅行，大多数时候，我们并不知道后面的风景是什么，于是在某个看似艰难的路口，选择了放弃。正是这一次轻而易举的放弃，正是差了那么一点点坚持，我们的人生便很可能走上不同的方向，生活便可能产生一系列负面反应。

曾经在一本书上看到过这样一句话："山有峰顶，海有彼岸，漫漫长途，终有回转，余味苦涩，终有回甘。"在混沌的世间，所有的一切都有高峰和顶点，苦难亦是。当到达了顶峰，苦难自然会产生奇妙的化学反应，一点点转换成甘甜。

所以，当你感觉熬不下去、感到困苦不堪的时候，不要灰心，更不要轻言放弃，而应该保持一颗平和乐观的心态，依然相信未来。在某一个不经意的瞬间，你的付出一定会得到回报。人生就是这样，只有吃得苦中苦，才能成为人上人。

事有轻重缓急，高效处理才是关键

在生活中，我们每天都会遇到各种各样的事情，如果同一时间有很多棘手的事情，该如何应对呢？

是对别人说："对不起，我很忙，你改天再过来。"还是说："我头都被吵晕了，你们一个个来。"或者说："这不是我能做主的事，你找别人吧。"

很显然，这几种应对方法都不好，为什么这样说呢？我们都知道"事有轻重缓急"，如果不明白这一点，很可能会"捡了芝麻丢了西瓜"，或是做出错误的决定。

因此，我们在做每件事之前，都应该给自己做一个合理的规划：规划自己的时间，规划自己安排，这样才能更好、更完美地处理事情。

崔凯的老家在一个偏远的小县城，他上学那会电脑没有现在这么普及，有些人的娱乐方式就是去游戏厅玩游戏。崔凯的许多同学都因为玩游戏上瘾而荒废了学业。在游戏厅，他经常看到这样的情景：父母在游戏厅为了找到自家孩子而开始骂骂咧咧，或是小孩子钱花光了却不肯离开，一直看着别人玩。

那时崔凯家的条件不是特别好，父母一直在外地打工，他和爷爷奶奶一起生活。他也很喜欢玩游戏，但并不上瘾，每次玩游戏之前都会先把作业写好，只玩一个小时，不用人催，到点就回家。

虽然没有人监督他学习，也没有人限制他玩游戏的时间，但是他懂得合理安排时间，知道学生要以学业为重，适当娱乐可以，但不能因为游戏而荒废学业。崔凯的学习成绩在班里一直名列前茅，后来也考上了理想的大学。

参加工作后的他，更懂得事有轻重缓急，每次都能高效处理工作上的问题。几年后，小有成就的他把辛苦了一辈子的父母接到身边。如果崔凯当时不懂得区分事情的轻重缓急，和其他人一样沉迷游戏，认为游戏才是最重要的，或许如今他就不会过上自己想要的生活了。

不管我们是在生活中还是在工作中，都要在做事之前分清轻重缓急，合理安排时间，高效率地处理事情，我们的生活和工作就会变得越来越好。就算未来遇到再紧急、再糟糕的事情，我们一定能游刃有余、轻松应对，不会因为胆怯、紧张而陷入慌张的境地。

高莉在一家公司做行政主管，因为人手有限，琐事较多，所以她的工作比一般人要多、要杂。即便如此，高莉的工作能力也得到全公司的认可，这在她还是一个普通员工的时候就表现出来了。

有一天，她正在聚精会神地工作，外地出差的领导打电话告诉她：两个半小时后，有一个客户要来公司参观，重点考察车间的工作情况。他和部门经理会尽量往回赶，但不能保证客户来之前到达公司。因为客户是突然来访，所以客户入住的酒店等相关事宜都没有安排好，此外，还需要准备好一个会议室以及将这一消息传达给车间的负责人。

不巧的是，当天公司竟然没有一个可以负责的人，各部门的领导不是出差就是见客户。办公室除了高莉的资历稍微老一些，其他的几乎都是新员工，也就是说，高莉指望不了任何人，只能自己应对。

没等她想好万全之策，人事部又带了一名刚刚入职的新员工，让她带着新人熟悉工作流程。她还没缓过神来，合作公司的业务员也来了，带着一大叠结算清单让她核算清楚后找领导签字盖章，他要带回去，月底公司要入账。

紧接着，销售部的同事也过来了，拿着单据找她。这时电话又响了，策划部专程打电话催她做一份重要文件，急着要……

就这一会，小小的办公室挤满了人，那些找高莉办事的人围着她，等着她答复。此时，人群中有两个人因为先来后到的问题争辩起来，都认为自己的事情最重要，两人的声音越吵越大，眼看着就要动手了。

高莉趁着两人争辩的时候，把刚刚所有的事情在脑海中想了一遍，然后立刻把正在吵架的销售部同事拉到门外，说："一会公司有重要客户要过来考察，让领导看到这一幕，对大家都不好。"

这位同事想了想，要是让领导和客户看到自己吵架确实不好，于是对高莉说："我看在你的面子上不计较了，你先忙，等你下午不忙了，我再过来。"

吵架的另一个人见对方已经走了，就不好再争论了。

高莉回到办公室后，对新入职的员工说："正好，你今天先跟着我熟悉接待客户的流程吧。"新人点了点头。

然后，高莉对合作公司的业务员说："真是不好意思，今天你来得实在不巧，领导今天都不在公司，就算我今天核对了，没有领导的签字，你那边也不能入账。要不，你今天先把单子放我这，我核对好处理完后再给你打电话过来，可以吗？"

合作公司的业务员也认可高莉的安排，说："可以，等你处理好后再通知我。"紧接着，高莉又给合作的酒店打了电话预定房间，然后亲自去了一趟车间，将这个消息传达给车间负责人。

回到办公室，将文件做好后发给策划部。这一切都做好后，她赶紧准备会议室，将茶叶、水果、鲜花和欢迎牌等准备妥当。在这个过程中，她没有忘记向新同事介绍公司的相关情况。

聪明的人，懂得事有轻重缓急，高效处理，临危不乱，淡定从容。高莉就是懂得合理安排时间的聪明人，不仅解决了诸多琐事，而且还让客户感受到他们公司的诚意。后来，每次高莉面对突发状况时，都能不慌不忙，沉着应对，为此公司领导很是欣赏，任命高莉为行政部主管，负责公司大大小小的事情。

其实，生活中，我们每个人都难以避免遇到像高莉这样的情况。如果面对这样诸多琐事交织在一起时，我们能像高莉一样根据事情的轻重缓急高效处理事情吗？如果不能，我们就要努力提高自己，学会时间管理，这样才能在面对突发状况时，临危不乱，高效处理。

辑六
你的行动轨迹，决定你的进阶层级

这个世界没有幸运，有的只是因果，你的行动轨迹，决定你的进阶层级。想要改变自己的层级，就必须先改变自己，提升自己，一步一步实现蜕变。

决定未来的，是你的行动

成功的人与不成功的人，最大的区别在哪里？其实，这两种人的最大区别就是：成功的人实现了自己想要的；不成功的人没有实现自己想要的。

每个人都有想要的东西，想有一套带花园的洋房，一辆价格不菲的汽车，一个发财的好项目，一个相爱、相知、相伴的爱人，一个可爱、乖巧的孩子……对于自己想要的东西，人人都有说不完的想法。然而，生活中，又有几个人能真正获得自己想要的东西呢？究其原因，是因为人们想得太多、做得太少。

其实，那些没有得到自己想要的东西的人，并不是因为缺乏计划而落空。相信他们中的大多数人都曾为了自己想要的东西而激动万分，都曾制订了完美的计划，甚至“万事俱备，只欠东风”。

但是一旦要开始行动，就会出现各种问题，不是缺少资金，就是缺少时间和精力，最后被各种理由耽搁。久而久之，原先定好的计划，就被遗忘在某个角落了。

有的人天生就喜欢唱歌、画画或是写作，可因为各种原因，没能培养自己的兴趣爱好，等自己能做主的时候，却因为各种顾虑，放弃了当初的梦想，选择了按部就班的生活和工作。他们不是因为缺乏动力，而是这份动力在现实的阻力面前显得太弱，以至于让希望变成失望。

由此可见，成功与不成功的关键，就在于有没有付出实际行动。成功的人会把自己的想法付诸行动，并在行动中绽放光彩；不成功的人往往只是想想，在观看中哀叹此生。因此，只有行动起来，才能实现心中所想，改变未来。

有这样一个故事：一个富人和一个穷人都想去遥远的南海。富人非常有钱，逢人就说自己将要去南海，还说要造一条像“郑和下西洋”那样的大船，聘请多个航海专家陪同他一起前往，恨不得让全世界都知道他的愿望。可是，这个愿望他说了好几年，还没有任何行动，周围的人都听腻了，他却依旧洋洋自得。

穷人也想去南海见识一下，可是他什么都没有，没有钱，更没有船。他知道，如果大家知道他的想法一定会嘲笑他，于是他把这一切都放在心里。他听说富人要去南海，于是怯生生地问富人能否带上自己，可是富人听到他的想法后，笑着说：“我想造的是豪华游轮，你那么穷，穿得又寒酸，和我一起去会拉低我的档次。”

穷人失望地离开了，但他并没有放弃去南海的想法。他决定凭借自己的力量去实现，于是只身一人出发了。一路上，他边挣钱边赶路，终于到达了心心念念的南海。当他从南海回来的时候，听说富人还没有出发，还在那里诉说自己的愿望。

富人知道穷人已经去过南海后，酸酸地说：“我这么有钱都没去成，你这么穷是怎么去的？”

穷人说：“你确实很有钱，可是你没有行动；我确实很穷，可是我有行动。虽然路上遇到很多苦难，但我用自己的行动战胜了它们，并实现了自己的愿望。如果你总是只说不做，永远不可能实现自己的愿望。”

富人和穷人的故事告诉我们，即使我们一无所有也没关系，因为我们还有行动，只要有行动，也可以凭借自己的努力得到一切；就算我们再富有，如果没有行动也等于一无所有。故事中的穷人用行动实现了自己的理想，而富人只是活在自己的幻想中，就算想得再美好，也不过是一场白日梦，梦醒之时，理想依旧只是理想。

有一则笑话：

一个人去了天堂，上帝问他："在你的一生中，最让你感到遗憾的是什么？"

这个人说："我这一生过得实在太苦、太穷了，每天勤勤恳恳，也只能勉强养家糊口。我最大的遗憾是，你没有让我中过一次彩票，没有让我享受有钱人的生活。"

谁知上帝慢悠悠地说："其实，我一直想给你中彩票的机会，可是你这一辈子连一张彩票都没有买过，叫我如何让你中奖呢？"

这个人听了上帝的回答后恍然大悟，懊悔不已。

确实如此，如果我们想中五百万，起码要有买彩票的行动；如果我们想要一门好技术，起码要有学习的行动；如果我们要想得到别人的帮助，起码要有开口说服别人的行动。所有的事情，只有通过行动才能完成，如果只是想想，即使有再好的想法，也都是白想。

特蕾莎修女说过一句话："上帝不需要你成功，他只需要你尝试。"也就是说，只要我们勇敢地行动起来，也就离成功更近了。

有些人有很多不同的想法，这本是一件好事，可如果只有想法，不去行动，想法永远只能是想法。所以，人们常说："不要想太多"，因为想得太多，会消耗等待的成本，包括心情、时间和精力。当我们想做一件事而又犹豫不决、没有行动时，会越想越着急，越想越烦躁，进而影响心情，还会产生一系列连锁反应，以至于错过成功的机会。

所以，当我们想好要做什么的时候，一定要及时行动，因为行动决定未来。

你所经历的一切，都将呈现在未来

人们常说，理想很丰满，现实很骨感，这话一点不假。美好的理想总是让人充满向往，让人忍不住想揭开它神秘的面纱，一探究竟。可是理想的实现，也是一个充满艰辛的过程，每个人在实现理想的旅途中，都会面临千锤百炼的挫折与困难，历经伤痕累累的痛苦与无奈，方能越挫越勇，收获胜利的果实，享受成功的喜悦。

只有在不断的失败与尝试中，你才能逐渐淡定从容、临危不乱，坚强勇敢地朝着目标前行。

傍晚的天空，乌云密布，山雨欲来，山脚下的寺庙里传来阵阵木鱼声，声音时大时小，时强时弱，节奏也和以往大不相同，似乎敲木鱼的人心事重重。住持听了木鱼声，心中大为不悦，责怪小和尚心不在焉。小和尚满脸的担忧之情溢于言表，吞吞吐吐，磨蹭了好久，终于说出原委。

几天前，他在山上发现一只失去家人的雏鹰，心生恻隐，便给小鹰在树杈上搭了一个窝，并悉心照顾它。今天看着要下大雨，他十分担心小鹰的安全。住持说："纵然它只是一只幼小的鹰，同样也能对抗风雨的洗礼，只有历经挫折，才能在广阔的天际展翅翱翔。更何况，你能护它一时也护不了一世，所以根本不必担心。"忐忑不安的小和尚，第二天一大早便上了山，刚到小鹰的住处，便看到小鹰扑闪着翅膀，挣扎了几下便飞上天空。

小小的雏鹰为什么能够一飞冲天，不正是靠着它日益坚硬的翅膀吗？只有不断历练，接受风雨的洗礼，它才能越飞越高，越飞越远。同样，成长也是一个人不断历练的过程，虽有人帮你、照顾你，但最终走下去的，只有你一个人，没有人能够寸步不离，一直悉心照料你。只有自我经历，接受风雨的洗礼与生活的磨炼，你才能越挫越勇，像奥特曼打小怪兽那样，用金刚不坏之身打败困难，赶跑失败，在一次又一次的挑战中，变得更加优秀。

很多人由于自身心理素质差或缺乏吃苦耐劳的品质，在成长过程中遇到挫折或困难时，就会灰心丧气，选择逃避，尤其是看到身边的人不费吹灰之力就能赢得一切时，更是羡慕嫉妒恨，甚至自怨自艾、一蹶不振。但你怎知别人没有付出艰辛的努力呢？

难道生活让你经历了磨难，你就要以此为借口自我沉沦吗？如果你抱着这种想法，你的生活终将看不到希望，永远都将在羡慕嫉妒恨的阴影下平凡度日，这样的生活又有何意义？与其这样，不如直面生活中的困难，努力克服、战胜它，尽最大努力成就更好的自己，这才是最好的选择。

经过一番激烈的角逐，刘筱从众多面试者中脱颖而出，得到梦寐以求的工作——当地一个颇有名气的节目的主持人。她格外珍惜这来之不易的机会，希望能在此岗位上做出不平凡的成绩。

可是上班第一天，刘筱就发现这份工作并不如她想象中那般光鲜亮丽。僧多粥少，形象出众、气质高挑的刘筱，一进电视台自然就引起其他人的嫉妒与排挤，有的同事甚至在背后造谣，说她是靠某某领导上位。流言蜚语多了，就连她的上司也开始横挑鼻子竖挑眼，故意针对她，对刘筱也没个好脸色。

时间一长，原本性格活泼开朗的刘筱，竟然过得十分压抑与痛苦。不管她怎么解释，周围的人都不相信她。其实，刘筱心中也知道这些人是嫉妒自己年轻、漂亮，害怕自己把她们比下去，可是自己初来乍到，没有真正做出成绩，又如何堵住这悠悠之口呢？

明白这一点后，刘筱再也不理会那些流言蜚语，而是把更多的时间与精力放在工作上。越努力越成长，刘筱主持的节目收视率一路飙涨，她的工作效率越来越高，有关她的流言蜚语却越来越少。慢慢地，刘筱开始在电视台有了一席之地，逐渐站稳脚跟。

试想，如果刘筱一个劲儿地给同事赔小心，巴结、讨好他们，最终能得到什么呢？难道说，阿谀奉承就能阻止他们背后的风言风语，就能真心得到他们的关心与照顾吗？显然是不可能的。击败嫉妒与流言的最好方法，就是用成绩说话，堵住悠悠之口。别人怎么看你不重要，重要的是你自己在成长的过程中如何排除万难，历经磨难，成就更好、更强大的自己，这才是最重要的。

成长路上，必会经历风雨，如何将每一次的磨难都看作一次成长与历练，如何在每一次的历练中将自己的心境打磨得更坚强勇敢？这不仅需要你坚定不移地朝着自己的目标前进，更需要你修炼一个强大的内心完善自己。

只有不屈不挠，从学识、技能、态度、行动上改变自己、完善自己，你才能在成长的过程中不攀附、不依靠，用自己的底气与实力成就更好的自己，让他人刮目相看。

正所谓“不经一番寒彻骨，怎得梅花扑鼻香”，人生的道路从来不是平坦的康庄大道，需要你披襟斩棘，不断锤炼、磨砺自己，方能享受梅花的沁香扑鼻，收获美好的明天。要知道，只有历经千锤百炼的磨难与尝试，你在之后的人生路途中才能宠辱不惊，看庭前花开花落；去留无意，望天上云卷云舒，用最惬意、舒适的生活态度享受美妙的人生乐趣。

主动进取，绝不安于现状

刘昊是一家大型合资公司的首席财务官，他对待工作一丝不苟，非常认真，第三年就被任命为财务部经理，第五年被任命为首席财务官。刘昊的生活发生了很大的变化，不仅拿着丰厚的年薪，公司还给他配了豪车和高级公寓。可是，他没有了当初的工作热情，不再积极进取、认真负责，而是把大部分精力放在享乐上。

与朋友聚会时，朋友问他目前还有什么追求时，他自满地说道："目前我没有其他追求了，在这家公司，我已经达到最高点了。"刘昊认为公司的首席执行官是内定的，自己做首席财务官就很好了。

他做首席财务官已经快一年了，可是却没有拿得出手的业绩，这时朋友善意地提醒道："你不能再这样下去了，没有业绩是很危险的，是时候主动出击了。"

谁知，刘昊竟说："我为公司做了那么多贡献，他们不可能把我怎么样，再说公司也离不开我。"他一直认为，房子、车子、高薪永远都是属于他的，在公司没有人能取代他。

说实话，这么多年，他确实为公司做了很多贡献，很多工作也离不开他，但他最近一年的表现让公司领导很失望，很多次都让领导产生换人的念头。

有一天，当刘昊像往常一样离开高级公寓，开着车来到公司时，他发现办公桌上放着一份辞退通知书。没错，他被公司辞退了，高薪没有了，房子和车子也不得不还给公司。

一直以来，刘昊都觉得自己无可替代。其实，如今这个社会最缺的就不是人才。公司在辞退他的当天，就重新招聘了另外一位首席财务官。

生活中，像刘昊这样的人不计其数。他们常常以“功臣”自居，安于现状，满足自己已经拥有的，不再积极主动、努力奋斗。当有一天失败来临时，他们却认为是老板太薄情，不念过往，殊不知，他们只是过去的“功臣”，而不是今天的“功臣”。

如果我们要避免刘昊类似的遭遇，就必须努力奋斗，主动进取，绝不能安于现状。与此同时，还要告诉自己，过去的成绩只能属于过去，现在最重要的是创造属于现在的成绩。不管过去如何丰功伟绩，现在的我们没有为公司创造价值，就会变得一文不值。

只有不断超越，主动进取，才能在职场上处于不败之地，真正做到无可替代。不安于现状，是我们在职场上的立身之本。公司需要不断进取、创新的人才，不是安于现状、不思进取的员工。如果我们不想被社会淘汰，就必须不断进取，坚持不懈地追求卓越。

郑虎进入公司做销售已经快两年了，但业绩却没有多大提高。眼看着与他一同进入公司的人都升职加薪了，他却还是原地踏步，心里很是着急，百思不得其解。

有一天，郑虎像往常一样看手机，正好看到一个公众号的推文，主题是：“如何使自己增值？”这引起他的注意。文章中写道：“我们虽然无法控制自己的长度，但却可以把握生命的宽度！每个人都有自己无法想象的潜力，绝不安于现状，积极主动地进取，才是你追求卓越的根本。”

看到这里，郑虎终于明白自己为什么没有升职加薪，因为他一直安于现状，只完成公司规定的任务，并没有真正做到积极主动。于是，他立刻打开电脑，为自己制订了一个短期目标和长期计划，并把计划落实到每天的工作中。

三个月后，郑虎的业绩明显提高。十个月后，他为公司签了一笔一千万的大订单。一年半后，他当上了公司的销售总监。

现在的郑虎，已经拥有了自己的公司。每次他对员工培训时都会说："不安于现状，才能真正改变现状，积极主动的工作态度，才能激发你们无穷的潜力。"

的确如此，社会竞争是无情、残酷的，只有积极主动，不安于现状，才能生存下来。那些安于现状、只求合格的人，必然会遭到公司、社会的淘汰。想要自己变得优秀，就必须不停地追求卓越，让自己在不断的进取中成就人生。

有人说，一个人拥有什么样的目标，就拥有什么样的人生；一个人拥有什么样的追求，就拥有什么样的高度。如果我们能积极主动，超越平庸，平凡的路就不会太长，未来的我们，将拥有精彩的人生。

主动进取，绝不安于现状，是我们追求卓越的必备条件。拿破仑说过："不想当将军的士兵不是好士兵。"不管现状如何，积极主动、追求卓越，才是我们走向成功的法宝。

好习惯，助你成就“开挂”人生

习惯是什么？它是一个人在日常穿衣、吃饭、工作、生活中所表现出来的一种行为定式。就像有的人习惯左手拿筷子，习惯早起，习惯穿高跟鞋等，人的习惯一旦形成，就很难轻易被改变。

但习惯不是与生俱来的，而是在后天逐渐养成的。习惯一旦养成，就会在你每次的说话与行动中，有意无意地表现出来。千万不要小瞧了习惯的力量，从某种意义上说，好习惯可以成就好人生。良好的生活习惯，不仅能为你在复杂的人际关系中赢得好人缘，还能让你坚持不懈、脚踏实地朝着自己的梦想前行。

教育家叶圣陶曾说：“好习惯养成了，一辈子受用；坏习惯养成了，一辈子吃它的亏，想改也不容易。”很多人常说习惯成自然，这话确实没错。你若一直坚持好的习惯，就会受益良多，若不寻求改变与突坏习惯，你的人生无一是失败的。

有的人习惯蓬头垢面、不修边幅，随意出入公众场合；有些人在工作中习惯迟到早退、挑三拣四，态度消极地混日子；有的人喜欢斤斤计较，凡事必争对错输赢；有的人外出购物或消费时，总爱占便宜，将免费的东西带回家；有的人总喜欢背后议论他人……

如此种种，都可以称为一个人的习惯。很多人常常对坏习惯不以为然，认为是无关紧要、不值一提的小事。殊不知，坏习惯一旦形成，就会在你的脑海中形成一种意识，支配着你的行为，把你的生活搞得一团糟，最终你将品尝到不良习惯带来的苦果。

张成是一家大公司的部门主管。最近一段时间，他时常感到焦虑与紧张，每天都愁眉苦脸、闷闷不乐的，已经严重影响了他的日常工作。迫于无奈，张成请假去看心理医生，经过一番了解，最终找到病根。原来，张成心中老有一种“工作永远做不完”的感觉，而这种感觉源于他在工作中养成的坏习惯。

每次下属找他签字审批文件时，他都会说：“好，放那里，我一会处理。”时间一长，他的办公桌上便堆满大大小小的待处理文件、待审核项目、各类信件等。即便这样，张成也没有想过要今日事今日毕，将办公桌上堆积如山的文件赶快清理完，而是命人在他的办公室又添置了一张办公桌用来堆放文件。除非是特别急的，张成才会在文件堆里找出来签字审核，而那些不着急的便这样一直放着。久而久之，整天处于这种工作状态下的张成，开始陷入紧张与焦虑的情绪，由此还引发了身体上的一些疾病。

看完这个故事，你是否感到有些不可思议？不良习惯的危害这么大，竟然还会引发身体的疾病？不可否认，坏习惯不仅可以给工作、学习、生活、交友、健康等带来影响，还可以给人的成功带来一定的阻力与障碍。试想，你若有丢三落四、不修边幅、口无遮拦的坏习惯，领导能放心把工作重担交给你吗？朋友能放心把知心话讲给你听吗？显然是不可能的。

每个人的身上都有一些好习惯与坏习惯。好习惯可以促使你不断进步，但坏习惯却会扰乱你的日常生活，给你增添许多烦恼与痛苦。有句话说得好，习惯若不是最好的仆人，便是最坏的主人。难道你想让坏习惯主宰你的命运吗？如果不想，就要试着做出改变，远离陋习，成就更好的自己。

改变二字，说起来容易，做起来却很难。很多人往往坚持不了几天就会轻易放弃，甚至自我安慰：反正已经这样了，也没造成什么不好的影响，所以还是算了吧！但你可知，好习惯才可以助你成就“开挂”的好人生，坏习惯只会让你得过且过、原地踏步，阻碍你获得成功。

千里之堤，毁于蚁穴的道理，相信谁都懂。同样，坏习惯的日积月累，也可以深入你的脑海，潜移默化地影响你的一言一行，阻碍你前进的步伐。所以，要想成就大事，让自己变得优秀，获得成功，最好的办法就是改掉阻碍你前进的坏习惯。当然，做出改变之前，你首先得正视、接收它，这样才可能坚持不懈，改正坏习惯。

因此，你必须有一面放大镜，放大不良习惯，看看那些不良习惯到底能给你带来多少弊端与麻烦？又是哪些习惯阻碍了你不能享受生活的美好，让你陷入原地踏步的困境而无法自拔，让你离成功越来越远？

你是否会扪心自问：为什么房间乱七八糟，没有整理；为什么一件事情总想着拖到明天去做；是否将太多的时间花在网上；是不是与人说话时，总是不自觉地打断别人……

如果有这些，你就要赶紧纠正自己的行为，努力往好的方向发展。房间凌乱，为什么不花一点时间收拾呢？说话时，为什么不能耐心倾听别人把话说完后再说呢……

如果你实在分不清哪些是需要改变的坏习惯，不妨静下心来，认真回忆生活中的点点滴滴，经历的成功与失败，不断反省与总结，直到完全做出改变。

坚持一段时间后，你会惊喜地发现，生活正朝着你所希望的样子发展。好习惯会促使你变得越来越优秀，给你带来意想不到的收获，让你离成功的目标越来越近。就像有人说的那样："播下一种行为，你将收获一种习惯，播下一种习惯，你将收获一种性格，播下一种性格，你将收获一种命运。"好习惯对人一生的影响十分重要，让你收获好人缘，得到更多的机遇。所以，从现在开始做出改变，让好习惯帮你成就美好人生吧！

要成功，就不要为自己找借口

追求成功的过程好比攀登一座险峰，在攀登的途中，我们会历经各种艰难险阻，好不容易来到山脚下的时候，陡峭的山峰又成了我们的一大障碍。我们既没有翅膀飞上山顶，又没有平坦的小路让我们继续前行，只能依靠自己的力量攀登到山顶，最后迎接成功的到来。

在这里，我们可以借鉴马云的一句经典名言："今天是残酷的，明天是残酷的，后天是美好的，但是很多人都死在明天晚上。"这几个小时、几分钟，甚至是几秒钟所产生的差距，就在于我们追求成功时的态度。当我们没有借口全力攀登时，自然会登上山顶，看到美丽的风景。那些总是为自己找借口的人，越到后面，就越会松懈。

也许有人会说："我只是偶尔这样，又不是天天找借口，怎么会影响成功呢？"

试想，如果我们在攀登的途中，因为手太酸或是想歇一会，就对自己说放松一下吧，会造成什么样的后果？也许会滑落到原点，也许会粉身碎骨，从此失去攀登的机会。

在生活中，我们经常见到这样的情景：

考试没考好，父母追问没考好的原因时，有的孩子会说："这不是我的问题，是老师没教过。"

工作任务没有完成，领导质问原因时，有人会说："这不是我的问题，是客户太刁钻。”

面试没有成功，朋友询问时，有人会说：“这不是我的问题，是面试官提的问题太奇怪了。”或者说：“这不是我的问题，主要是一起面试的人太厉害了。”

总而言之，不管遇到什么事情，都不是我的问题，而是别人的原因。不是我的问题，是以前没有遇到过，是这个社会太奇葩，是路上太堵了……这都是我们为自己找的借口，这些借口不断影响我们的行动，阻碍我们走向成功。

如果我们养成找借口的习惯，做任何事都会习惯用借口来掩盖事实真相，长此以往，就会认为所找的借口就是真相，以至于产生这样的思想：这不关我的事，那不是我的问题。

刘骏在一家贸易公司上班，是公司的销售经理，也是老员工。他的业务能力非常强，深得老板器重。有一次，他跟丢了一笔大单，给公司造成不小的损失。事后，他怕老板责怪，就为这件事做了一个合理的解释：他前几个月在一次车祸中脚受了伤，还在恢复期，行动不利索，所以比竞争对手晚到几十分钟。

后来，只要公司让他出去联系有点刁钻的客户时，他就推脱说自己的脚还没有恢复，不能出远门。其实，刘骏的脚只是有点轻微的问题，已经恢复得差不多了，也没有后遗症，根本不影响工作。

刚开始，老板也能理解，就原谅了他。为此，刘骏很是得意，认为自己非常聪明，因为那个客户真的比较难缠，如果去了没办好，反而会影响自己的名声，那多丢面子。

再后来，刘骏以脚伤为借口，说自己的脚还没好，要求公司在业务方面有所照顾。比如，把简单的任务优先给他，距离较近的客户也优先给他，太难、太远的都不去。每天，他都把大部分的时间和精力花在找借口上，碰到难的业务就推得远远的，碰到简单的业务就一定要抢过来。

没多久，他的业绩明显下滑，每当通报业绩批评他的任务没有完成时，他总说是因为自己脚不方便。总而言之，在他的眼里，脚伤成了他的“免死金牌”，就连迟到、早退就能拿脚伤作为借口。甚至上班时间喝酒，他都会说，喝点酒可以让他的脚舒服一点。

后来，老板忍无可忍，把刘骏给炒了。要知道，没有哪个老板会用一个整天找借口的员工。其实，刘骏被炒鱿鱼也是情理之中，因为他在糊弄老板的同时也在糊弄自己。

要成功，就不要为自己找借口。不要害怕前进路上的苦难，不要为自己的懒惰找理由，更不要为自己的失败找借口。我们要抛开借口，向着目标勇往直前，这样才能最大限度地激发潜能，在前进的道路上披荆斩棘，开辟属于自己的成功大道。

网上有句话专门用来形容“借口”一族：“便秘就怪地球没吸引力。”虽然很荒诞，但“借口”一族的人却把它奉为真理，因为不管发生什么事情，他们都有借口、有理由为自己争辩。

工作没有做好，不是自己的问题，而是工作本身太难；感情出现问题，不是自己的问题，而是对方不懂得包容和体谅；学习成绩不好，不是自己的问题，而是老师教得不好。总之，这样的人看起来好像全世界只有他们最聪明，不会犯任何错，有错也是别人的。

其实，他们并不是没有错，而是习惯用借口掩盖自己的过失，习惯了推卸责任。如果我们和这样的人聊天，不难发现他们的聊天方式永远都在说别人不好，自己很无辜、很可怜，所有的问题都是客观的，从来没有从自身找过。久而久之，他们会沦陷在自怜自哀中，真正变成一个可悲的人。

其实，生活中，我们都会遇到失败，此时应该勇敢站起来，直面失败，寻找原因，汲取经验和教训，为下次的成功找机会。我们要不断鞭策自己，让自己没有偷懒和松懈的借口，这样才不会变成“借口”一族。不为自己找借口，是一种自我追求的态度，是一种对待成功的精神。

自我成长，摆脱原生家庭的束缚

微信作为社交界的大佬，已经占据了我们的生活，人们都习惯用朋友圈表达自己。尤其是一些父母，不管是吃饭、逛街还是遛娃，甚至遛个狗，都要发个朋友圈求存在感。我们的朋友圈满屏都是九宫格的“照骗”，除了千篇一律的心灵鸡汤，就是各种省钱拼团、求赞、拉票等，有的还配文道：

“拼得多，省得多，我们一起来省钱。”

“走过路过，不要错过，动动你的手指，麻烦点个赞。”

“求扩散，求转发，每天一票，截止到月底。”

……

很难想象，这些整天将这些内容发到朋友圈的父母，到底会以一种怎样的眼界教育孩子。其实，他们与其把时间浪费在这样的事情上，还不如把时间用在有意义的事情上。比如，闲暇之余煮一壶好茶，看一本好书，用心感受文字的美好。

生活中，还有一类人，他们很少甚至不发朋友圈，但生活同样很精彩。只要到假期，他们就会带上孩子，去见世面、开眼界、长知识。同样是生活在新时代的父母，因为格局不一样，对小孩的教育方式也不一样。

有人说，孩子小时候见过的人，看过的风景会一直印他的脑海，对他以后的人生和生活都会产生深远的影响。为什么孩子小时候看到的、听到的、见到的，对他的影响会这样深远呢？因为原生家庭给孩子带来的影响远远超过我们的想象，都说父母是原件，孩子是复印件，复印件出现的问题，责任肯定在原件身上。

有的人走上社会后，不管遇到什么问题，都淡定从容、不骄不躁；而有的人哪怕遇到一点小事，都慌里慌张、手忙脚乱，甚至不敢面对，总是怨天尤人、抱怨连天。为什么会有这么大的差别呢？这与他们从小生活的家庭环境有关系。每个人的成长环境不同，长大后自然拥有不同的人生格局。

原生家庭给我们带来的影响是深远的，但也不是不能改变。要想摆脱原生家庭的束缚，我们必须学会自我成长，通过后天成长完成逆袭。

王敏生活在一个重男轻女的家庭，从小父母给她灌输的思想是："女孩子总是要嫁人的，读那么多书没有用，又浪费钱，还不如早点出去赚钱贴补家用。"

虽然王敏的学习成绩很好，每次考试都能名列前茅，但高考过后，她在父母的坚决反对下，放弃了上大学的机会，不得不外出打工。

文凭不高，知识和眼界都有局限，更没有一技之长，所以王敏只好在餐馆做服务员。没多久，她的热情、善良和勤劳受到老板的赏识，被破格提拔为服务员组长。随着身份的变化，她接触的人渐渐多了起来，眼界越来越开阔，渐渐地意识到自己听从父母的建议，放弃读大学是错误的，可事已至此，她只能改变自己，提升自己。

当她决心改变的时候，重新拾起久违的书本，报名参加了成人高考。几年后，通过自己的努力，她终于拿到成人本科毕业证书。不仅如此，她还在闲暇之余学习了烘焙、插花等手艺，不断丰富自己的生活，提高眼界。

虽然这个过程很艰辛，也经历了多次失败，但她相信，自己的努力总会有成功的那一天。

现在，她早已辞去服务员的工作，进了一家不错的贸易公司，再也不是父母眼中那个只会浪费钱的女儿了。工作之余，她还与朋友一起开了一间花卉小店，店里不仅出售鲜花，还会定期教会员烘焙和插花。如今的王敏，早已摆脱原生家庭的束缚，把生活过得丰富精彩。

原生家庭会在无形中影响孩子的思想、远见、境界与格局，这些都将影响孩子的一生。这在出生的那一刻就决定了。我们虽然无法改变出身，但可以改变自己，通过努力提高格局与眼界，改变后天环境，就像故事中的王敏一样，提高自我，摆脱原生家庭的束缚。

只有改变自己，逆袭而上，才能跨过内心的鸿沟，真正摆脱原生家庭的束缚，拥有广阔的人生。

不管什么时候，不管身处何地，我们都不能忘了读书和学习。苏联作家高尔基说过："书籍是人类进步的阶梯。"读书不是单纯地让我们学习书本知识，而是通过学习积累经验，陶冶情操，开阔眼界，学习做人的道理和处世的方法。

虽然知识不一定能改变命运，但不能否认的是，如果没有知识，我们一定不能改变自己。我们读过的每本书，看过的每段文字，学习的每项新技能，都能影响我们未来的格局。

许多人因为原生家庭的影响，眼界和思维都会受到限制，导致看待问题时出现以偏概全的情况。但只要我们不断开阔眼界，扩大交际圈，格局也会随着发生变化。

因此，我们绝不能坐井观天，像井底的青蛙一样目光短浅，而要尝试走出去，接触不同的人、不同的环境，才会发现外面世界原来如此精彩。生活不只有苟且，更有诗和远方。

原生家庭虽然给我们带来了小格局，并影响着我们的一言一行，但这不能成为我们不努力的借口。我们不能因为工作不顺利，就认为是领导故意刁难；不能因为失恋，就认为是对方不懂得珍惜；不能因为遇到倒霉的事，就认为是流年不利……

为什么我们不能试着做出改变呢？原生家庭给我们带来的影响，就一定会跟随我们一辈子吗？答案是否定的。当我们提升自己、自我进步时，这一切是可以改变的，不仅能改变思想，更能改变格局，成就更好的自己。

我们完全可以通过提升自己的格局摆脱原生家庭的束缚，只要愿意，又怎会害怕前进的困难呢？如果不想此生平淡无奇，就要试着改变自己。要知道，命运掌握在自己的手中，从现在开始做出改变，假以时日，我们定会摆脱原生家庭的束缚，成为更优秀的自己，在人群中脱颖而出。

帮助别人是一种双赢

在一些人的固定思维模式中，他们认为只要是帮助别人，自己就会有所牺牲，认为别人得到的同时，自己也会失去一些东西，如时间、精力、财物和体力等。其实，这并不意味着失去。艾默生说过：“人生最美丽的补偿之一，就是人们真诚地帮助别人之后，同时也帮助了自己。”人生就像山谷的回声，你呼唤什么，就会听到什么；人生就像耕种，你播种什么，就会收获什么。你在帮助别人的时候，就是在帮助你自己。

每个人都不可能脱离社会而独立存在，总会遇到困难，有自己解决不了的问题，此时你也需要别人的帮助。当别人帮助你的时候，你会心存感激，希望能回报对方，同样，当你在别人困难的时候给予帮助，别人也会心存感激，希望日后能对你伸出援助之手。

冬季的某一天，两位驴友结伴登山，他们查询了相关资料后就启程了。

两人来到山脚下，高大险峻的山峰就在眼前，银装素裹、白雪茫茫，如亭亭玉立的女神一般。

刚开始爬山的时候，还比较轻松，可当他们爬到半山腰，两人体力明显不支。突然，下起了暴风雪，两人失去方向，正好手机也没有信号。此时，深山之中，只有风声在呼啸，整个山上噤若寒蝉，静谧极了，就连自己的呼吸声都听不见，仿佛死神就要来临一般。

两人没有办法，只能继续前行，试图摸索下山的路。突然，一个人惊讶地叫道："那里好像有个人。"两人走进发现雪地里躺着一个人，看装备也是一位登山爱好者，雪没有把他完全淹没，看样子是冻晕了过去。

在漫天的雪花中，两人都在沉思，其中一个人表示本来就体力不支，又迷路了，没有办法帮助别人；另一个人则表示坚持救人，不能见死不救。两人为此大吵起来，坚持往回走的人说："这个时候情况本就特殊，我们连自己都救不了，怎么救别人，何况还是一个垂死之人。如果你坚持要救，只会连你的命也丢掉，你会后悔的。"说完，转身离开了。

茫茫的雪地上，只剩下好心的驴友和躺在雪地里命悬一线的人。为了救醒昏迷的登山者，好心的驴友倾尽全力给其按摩、取暖，慢慢地，昏迷的登山者苏醒了，好心的驴友给他喂了一些热水。经过交谈，驴友才知道登山者是一位气象学家，对这一带的地形、气候都很了解，这次是摔跤后才导致的昏迷。

后来，等身上热乎后，气象学家带着这位给予他帮助的驴友找到下山的路，而前面那位转身离开的驴友，再也没有回来。

故事中的一位驴友，因不求回报，好心帮助别人，最终得以生还，而另一位驴友却因自私，丧失了生命。

其实，现实生活中也是如此。当你帮助别人的时候，也是在不经意间帮助了自己。

世界很大，芸芸众生中，你永远不知道自己可能会遇见谁，谁又会是你的贵人，未来会给你带来什么样的帮助。所以，只有你主动帮助别人，才有可能获得别人的帮助；如果你总担心别人从你这里拿走什么，永远不可能从别人那里得到什么。人都是相互的，如果你紧握双手，就不可能牵到别人的手。

有些人愿意付出，是因为他们希望自己的付出能得到相应的回报，所以在现实生活中，许多人把对别人的帮助建立在有回报的基础上，甚至只选择帮助那些对自己有用的人，对那些没有利用价值的人就选择漠视。这种带有功利性的帮助，不是真心地帮助别人，也失去了帮助本身的意义。要知道，只有真心帮助别人，才是真正帮助自己，才能获得成功。

俗话说："赠人玫瑰，手留余香。"当你给予别人帮助的时候，自己也是有所收获的。这些收获不是直接、物质上的收获，而是一种间接、精神上的收获，如内心的满足、境界的提升等。虽然这些收获看似不实惠，但这种能让你长期受益的精神粮食，可以给你的生活带来不一样的点缀。

要知道，帮助别人是一种双赢，如果你想要取得成功，就离不开别人的帮助。就算现在需要你帮助的人只是一个毫不起眼的落魄乞丐，也许未来的某一天，他可能会给予你人生巨变的力量。

请相信人生的蝴蝶效应，它所带来的改变无人能挡。当你帮助别人时，你损失的可能是一些看似不必要的付出，但其实你已经为自己种下一颗能量未卜的种子。就算未来你没有得到回报，这些损失对你来说也是微乎其微的。如果你帮助的人变成人脉资源，所得到的回报将超出你的付出。

一个人想要获得成功，离不开别人的支持。这些支持就是一种信任，而这份信任往往来自你对别人的帮助。因此，你帮助的人越多，以后会帮助你的人也就越多。如果你的心胸只能容得下眼前的利益，只选择有利于自己的人和事，你就不能获得更多的信任和财富。因此，帮助别人就是帮助自己，要想成功，就先从帮助别人开始吧！

不要再让“可是”，成为你人生的绊脚石

“本来我是这样想的，可是……”

“我本来可以的，可是……”

“这件事是我做的，可也不全是我的错……”

“我以为是……可是……”

有没有觉得这样的话很熟悉，是否你也经常用“可是”这个借口推卸责任呢？有些人很喜欢用“可是”这个借口为自己推卸责任，却很少想办法解决问题，更不会勇敢面对失败。这样做的结果，只会使他们陷入无止境的恶性循环。只有扔掉“可是”这个借口，才能跨出这个恶性循环，获得意想不到的成果。

只有拒绝“可是”这个借口，才能帮助我们找到问题的切入点，真正认识自己的能力，找准定位。“可是”是懒人的借口，它会慢慢地消耗我们的斗志，把我们渐渐推向失败，在奋斗中迷失方向。只有拒绝“可是”，才能发掘无限潜力，创造属于自己的奇迹。

有一次，一位成功学大师在他的训练课上教学员如何提高记忆力。课后，一位女学员跑过来对他说：“老师，我希望你不要指望我能改善记忆，这对我来说绝对办不到。”

成功学老师问：“为什么你办不到呢？我相信你可以做到。”

这位女学员说：“我也想办到，可我这是遗传，在记忆力方面，我们全家都是这样，爸爸妈妈记忆力不好，现在又遗传给了我。所

以，我不可能在这方面有突出的表现。”

成功学老师说：“我想你的问题不是遗传，而是懒惰。你觉得把责任推卸给家人，比用心记忆要容易得多。我希望你不要把‘可是’当作借口，从现在开始证明给我看。”

于是课后，成功学大师专门耐心地对这位女学员做了有关记忆的训练。后来，这位女学员的记忆力得到很大提高。从那以后，那位女学员只要遇到问题，就不再用“可是”作为借口，而是从自身找原因，不断改造自己，突破自己。

“可是”是人们用来逃避责任、敷衍搪塞的“挡箭牌”，是一种不负责任的表现，更是一种缺乏自信和勇气的表现。我们应该怎样拒绝“可是”这个借口呢？要知道，从口头上戒掉“可是”不是最重要的，重要的是从内心戒掉“可是”，勇敢面对困难，从自我成长中找回失去的自尊和责任感。

我们改变不了天气，也不要说“可是”，因为可以改变着装；我们改变不了风向，也不要说“可是”，因为可以改变船只的航向；我们改变不了别人，也不要说“可是”，因为可以改变自己。

因此，当我们面对困难时，只要能适时调整自己的态度和信念，付出积极的行动，就能消除内心想要找借口的想法，变成一个勇于承担责任、不抱怨、不推脱的人。

当我们扔掉“可是”这个借口时，会发现前方已没有退路，只能承载巨大的压力奋勇直前。这种置之死地而后生的做法，能最大限度地激发我们的潜能，让我们离成功更进一步。

要知道，成功的人不会为自己寻找任何借口，他们只会坚定不移地朝着目标而奋斗，就算遇到再大的困难，也会不顾一切地追求既定目标，不达目的不罢休。

经常为自己找各种借口的人，认为借口能替自己保留一些颜面。其实，这是一种错误的想法，只会让他们陷入失败的深渊。因为借口会让我们失去信心，在自欺欺人的状态下自我麻痹，不要再让“可是”成为你人生的绊脚石，只有拒绝“可是”，才是走向成功的第一步。

辑七
聪明地努力，找准正确的奋斗方式

每个人的时间和精力都是有限的，因此要好好规划人生，聪明地努力，找准正确的奋斗方式，这样才能在有限的时间内发挥自己最大的优势，成就最好的自己。否则一味地“瞎忙”，不仅不会产生应有的效果，还会浪费生命。

聪明地工作，不是死干、蛮干

俗话说："巧干能捕雄狮，蛮干难捉蟋蟀。"这句话是在告诉人们：巧干和蛮干是有区别的，做事要讲究方式和方法，不仅要敢干，而且要巧干。虽然巧干和蛮干都是建立在敢干的基础上的，但它们干的方式却不一样。

如今，敢干但蛮干的人属于吃力不讨好型的，这样的人每天都忙忙碌碌，除了做自己的事外，还帮别人做事，可到最后，不仅事情办得没有效率，而且也得不到别人的感谢，可谓白白浪费力气。

敢干又巧干的人比较受欢迎，这样的人每天轻轻松松就能把自己的事干完，不仅做得又快又好，而且还有时间帮助别人。他们知道怎样才能更好地解决问题，所以不会走弯路，这一类的人走到哪里，都会被人赏识。

因此，做事除了要敢干外，还要巧干，这样才能事半功倍，在变幻莫测的事情中做出有效决策。然而，巧干绝不是一朝一夕就能轻易做到的，需要人们结合自身的实际情况，把握事物发展规律，通过不断修炼，找到最佳方法，力求把事情做到更好。

一个小村庄特别偏远，所有的水源都来自村里蓄水池中的雨水，在离村庄几千米外的地方，还有一个湖泊。由于太远，村里一致决定出钱与有实力的年轻人签订一份送水合同，方便村民用水。

村里有两个人想签下这份合同，一个是李力，另一个是唐山。

李力为了签到这份合同，每天起早贪黑，把几千米外的湖泊水运到村里的蓄水池中，保证村民的日常生活用水。因为李力非常勤奋，运水速度很快，蓄水池中的水每天都是满满的。很快，李力就得到村民的认可，开始有报酬。

可是唐山不一样，他没有像李力那样每天运水，得到消息后突然离开了村庄，大家都以为他放弃了这份合同。

其实，唐山之所以离开村庄，是因为他经过深思熟虑后做出一份运水的商业计划书。拿着商业计划书，他经过两个月的奔走，获得三个投资商。后来，唐山在投资商的帮助下，成立了一家送水公司。

接着，他带着施工队经过一年时间，在离村庄几千米外的湖泊里安装了送水管道。等整套送水系统安装到位后，他开始为村民送水。送水系统送的水干净又方便，所以村里与唐山签订了长期的合作合同。

后来，唐山考虑到其他村庄也有类似的缺水情况。经过考察后，他的送水系统开始为其他村庄送水。几年后，唐山凭借送水系统过上富裕的生活，而李力却因体力不支，依旧贫困度日。

俗话说“磨刀不误砍柴工”，说的正是这个道理。做任何事，都要像案例中的唐山那样，从长远的角度出发，不能蛮干。要知道，如今的社会，蛮干是行不通的，只有运用头脑，聪明干活，才能把活干得漂亮。

如今，越来越多的人注重时效，因为时间就是金钱，浪费时间会让你错过机会，所以除了要敢干，还要注重实效，实效才是硬道理。

现在，许多大公司都提倡员工要聪明工作，而不是死干、蛮干，希望员工能开动脑筋，用更好的办法解决问题，这样才能提高工作效率。要知道，人的时间和精力都是有限的，如果用有限的时间做无限的事，最好的办法就是注重时效，缩短做事时间。

众所周知，物理学家的成功离不开做实验。一位知名的物理学教授无意间发现自己的实验室半夜亮着灯，他觉得奇怪，于是走进实验室，发现自己的学生正在做实验。

他问学生："这么晚了，怎么还不休息？为什么晚上还在做实验？白天在干什么？"

学生回答说："白天也在做实验。"

听到学生的回答后，教授说："勤奋是好事，可如果你白天和晚上都在做实验，你哪来的时间思考呢？"

确实如此，如果学生将所有的时间都用在做实验上，必然没有时间思考。实验本身是为了验证思考的结果，而思考是实验的本质，如果本末倒置了，就会影响做事效率。

因此，在日常生活和工作中，不能盲目地透支体力，而应该在该做事的时间做事，在该思考的时间思考，劳逸结合，做到高效做事。如果一味地蛮干，只会让自己在无尽的工作中变得越来越辛苦。

"高调做事，低调做人"这一生存法则，不管到哪里都适用，旨在告诉人们：平时做人要低调，因为树大易招风，如果与人相处的时候太过高调、高傲，即使你帮助了别人，也不会得到好评，更不会得到领导的重视；做事的时候，反而要高调，让领导和同事了解你的勤奋和努力，这样才不至于埋没你的功劳。

王进是一家公司的新员工，平时为人比较低调，看起来也没有什么过人之处。过了一段时间，大家发现他比其他同期进公司的人更受欢迎，个人发展也更顺利。这是因为，他在日常工作中不仅敢干，而且做事的时候非常有技巧，会巧干。

比如，新员工在自我介绍的时候，他第一个主动介绍自己，敢于发言，最后给同事和领导留下深刻的印象。后来，他在最短的时间内掌握了公司相关资料和所有领导的资料，并且从来不会叫错领导的名字和称呼。短短两年时间，王进就被晋升为办公室主任。

由此可见，高调做事就是把每件小事当成大事来做，做好后也不到处张扬，这才是高调做事、低调做人。那些故意让领导看见自己加班、故意让同事看见自己被领导信任的行为，就是不适宜的高调，是蛮干的行为，不会有效果。

巧干不仅需要拥有机智灵敏的反应和超强的分析、判断力，而且还要拥有灵活变通的智慧，只有这样，才能用一倍的时间换取双倍的效率。

懂得工作与生活的平衡，才是正确的奋斗方式

有人说：“懂得闲适的人，才是真正智慧的人。”工作虽然很重要，但它毕竟只是我们生活的一部分。除了工作外，我们还有爱情、亲情、友情、健康等着被经营。我们要学着在忙碌的工作中见缝插针，学着“偷懒”，让自己吃好、睡好，这样才能有足够的精力和体力应对忙碌的工作。

忙碌的工作使我们的生活变了样，早睡已经成了奢望。每天六七点出门，好不容易挤上拥挤的地铁，急急忙忙赶到办公室就开始工作，难得有准时下班的时候，大部分的时间在加班，偶尔约上几个朋友，吃吃饭、喝喝酒，十点回家都算早的。每个人都像拼命旋转的陀螺，忙完工作的事，又要忙自己的生活，一不留神就到了凌晨。晚睡似乎已经是一个普遍现象，我们就好像一只两头都在燃烧的蜡烛，有限的生命在无形中快进。

虽然工作可以为我们积累财富，但工作只是生活的一部分。只有努力平衡工作和生活，才能让我们达到双赢。千万不要忘了，生活也是我们生命中的重要组成部分。我们不仅要爱工作，还要爱生活、爱自己、爱家人、爱健康。

陈鹏大学毕业后进入一家外企做策划，一干就是五年。这五年中，陈鹏任劳任怨，工作非常用心，加班更是家常便饭。好在陈鹏的工作能力非常突出，企划部的经理对他很是欣赏，只要是他经手的方案，客户都非常满意，因此，陈鹏在公司举足轻重。就连公司的最高

领导，私下对他也是赞不绝口。

经过五年的锻炼，陈鹏已经拥有了自己的小团队。为了保持自己的好口碑，也为了创造更优秀的成绩，陈鹏对自己的要求非常高。每个企划案，他都会拿出两三个不同角度、不同视点的方案供客户选择。所以，他经常是急匆匆吃过晚饭就开始工作，直至凌晨。有时候，为了达到客户的要求，他经常通宵修改方案。

前段时间，陈鹏感觉自己的身体有些不对劲，经常胸闷气短、双眼模糊，视力也下降了很多，不得已抽空去了一趟医院。医生建议他暂停工作，好好休息一段时间，否则身体还会出现更大的问题。此时的陈鹏才意识到，自己把天平向工作倾斜了太多，没有把工作和生活平衡好。

生活中，像陈鹏这样的人数不胜数，他们每天忙碌得连休息的时间都没有，只有当疲惫不堪的身体发出警告时，才想起来要平衡好工作和生活。我们要努力、奋斗、拼搏，过自己想要的生活，确实没有错，但也请给自己一点休息的时间，这样才不至于连健康都丢了。

如果工作累了，就好好歇一会，善待自己，让自己有更好的精力努力奋斗。

经常有人把“人在江湖，身不由己”这句话挂在嘴边，他们认为自己之所以不能好好休息，不是因为自己不想，而是因为没有假期。大部分人认为，自己在公司原本就不出色，既不是领导，能力也不出众，如果其他人都在工作，自己却在休息，总觉得心里怪怪的，既担心领导有想法，又担心错过好机会。所以，他们会更喜欢集体放假，这样才会觉得心安理得。

其实，给自己放假，并不一定要等到集体放假，给自己的心灵放假也是一种放假方式，不管在什么时候、什么场合，让自己释放心中的压力就好。忙碌的都市生活，使我们忙得团团转。在纷扰浮躁的生活中，对自己说一声："我要给自己放假，享受五彩斑斓的人生。"

那么，生活是什么？它就是柴米油盐酱醋茶。享受生活是一种人生态度，与金钱、身份和地位无关，只要我们拥有好的心态、正确的人生观，就可以创造生活、改善生活、享受生活。

比如，我们可以在周末好好地逛逛超市，大肆采买，把冰箱塞得满满的，不让自己"断粮"；可以定期来个大扫除，让家里窗明几净，用除旧迎新的方式改善自己的心情；可以在办公室讲个笑话，缓解工作压力，制造欢乐的气氛；可以在下班后选一首自己喜欢的音乐，让自己沉醉在优美的旋律中，忘却工作的烦恼，哪怕这首歌只有短短的几分钟，也能帮我们消除疲劳，带来美妙的感觉。

我们可以用自己喜欢的方式做一个计划，每个星期抽出一些时间留给自己，单纯美好地享受生活。或者买一株喜欢的植物、养一只小宠物，这些都能在我们烦恼、疲惫的时候，带来意想不到的快乐。

总之，不同的人有不同的享受生活的方式，自己喜欢就好。只要我们愿意，既可以享受工作带来的成就感，也可以享受生活带来的乐趣。

只有懂得休息的人，才能以更好的状态投入新一轮的工作；只有懂得善待自己的人，才能用一个健康的身体享受五彩斑斓的人生；只有懂得平衡工作与生活的人，才是用正确的方式奋斗。

所以，一个人工作以外的生活状态决定了他的工作状态，一个人工作以外的娱乐决定了他的发展空间。适当的娱乐能活跃人的思维，改变一个人的世界观，让人们元气满满地投入工作。当我们懂得把工作和生活平衡好的时候，就离成功更近了一步。

自我设限，是人生暗淡的根源

世上本没有路，走的人多了，也就成了路。站在人生的十字路口，哪条路才是真正适合你的，能对你的人生起到锦上添花的作用？其实，条条大路通罗马，不管哪条路，都可以助你到达成功的彼岸，就算此路不通，你依然可以选择换条路，千万不要用坐井观天的思维把自己困在一条路上，否则耽误时间、影响效率不说，还会因此影响自己的前程。

有个名牌大学毕业的大学生，读书时成绩特别好，身边的亲朋好友都对他寄予厚望，认为他的前途不可限量。后来，他真的成为众人眼里的成功典范，不过不是从事与他专业相关的工作，而是另辟蹊径，靠烘培做出了成就。

原来，找工作屡屡碰壁的他，得知某个地方有个烘焙店急着转让，对这方面特别感兴趣的他，便把店面租了下来，自己当老板做起了烘培。很多人对他的行为不理解，认为一个堂堂的名牌大学毕业生去做这个，有点屈才。但他并不理会众人异样的眼光，而是用诚恳待人的态度、心灵手巧的技术，用心地经营着他的烘培店。慢慢地，他的口碑越来越好，生意也越做越大，并接二连三地开了很多家连锁店。

三百六十行，行行出状元。成功的道路不止一条，你可以选择一帆风顺的平坦大道、弯弯曲曲的羊肠小道，也可以另辟蹊径重新开辟一条适合自己的路。

生活中，经常看到一些多才多艺、足智多谋的人，具备很多得天独厚的条件与优势，但他们的人生并不成功，为什么呢？有些人可能觉得是他们运气不好或遇人不淑，但这些都不对，最根本的原因是他们自我设限，把人生的路走窄了。

风雨过后有两种人：一种人抬头看天，映入眼帘的是雨后的彩虹与澄澈明净的天空；一种人低头看地，尽收眼底的是坑坑洼洼的积水与步履维艰的绝望。心境不同，眼里看到的事物就不同，脚下所走的路自然也就不同。千万别做那种穿着皮鞋去爬山、穿着裙子去跑步的事，有时候不是生活打击了你，而是你自己选错了路。

每个人都渴望成功，渴望光鲜亮丽的生活，但通往成功的道路不止一条。条条大路通罗马，不要自己把路走窄了。如果你不拓展自己的思路，不寻求其他出路，将人生格局限定于此，你未来的发展也就止步于此了，你的人生将毫无建树。

很多人自身条件不错，也拥有很多令人羡慕的优点，可是他们却习惯于将自己局限在某一件事情上，认为自己只适合、只能从事这样的工作。因此，他们数年如一日地将自己的角色定位于此，事业平平，没有任何实质性的突破与进步；反之，只要你能别出心裁、勇敢创新，就会发现成功的道路不止一条，换一条路走，照样可以通往成功的彼岸。

周阳小时候由于家里条件不太好，高中毕业之后就做了啤酒推销员。在他看来，这份工作不仅赚钱，同时是个长期靠谱的行业，所以便将自己未来的重心放在卖啤酒上。几年后，身边的朋友劝他转行，做点别的，他却说：“这几年来我一直卖啤酒，除了这个，什么都不会。”婉言谢绝了朋友的好意。

后来，随着其他品牌的逐渐兴起，他所销售的啤酒品牌受到严重冲击，业务越来越难做。愁眉不展的周阳，不知道自己的人生方向在哪里，接下来干什么才合适，因为这么多年，除了卖酒，他对其他的一窍不通。

高中同学聚会时，当同学们了解到周阳的境况后，都替他感到不值。在他们看来，以周阳的交际、口才、组织等方面的能力来说，他应该有更大的发展空间，不应该局限于此。同学们你一言、我一语，纷纷帮周阳出谋划策，并给出最实用、最合适的建设性意见。听君一席话，胜读十年书，同学们的建议让周阳恍然大悟，抛弃了故步自封的想法，下定决心离开这里，另寻出路。

聚会结束后，周阳辞了职。找了一段时间的工作后，他进了一家销售公司，虽然业务不太熟练，但他虚心求教，勤学好问，业务能力不断提升。熟练之后，他的业绩芝麻开花——节节高，不仅如此，还为公司带来了可观的收益，让自己的未来充满希望。

由此可见，一个人的目标大小，对他的成功还是有一定的影响力的。好比周阳，他把自己定位在卖啤酒上，那他只是个推销员，看不到生活的希望；后来，他把自己放在销售的位置上，给公司创造的收益决定了他的成就与发展。要知道，一个人若想获得众人景仰的目光，取得令人称赞的成绩，就不能对前进的道路设置局限，让自己的路越走越窄。否则，狭窄的道路只会阻碍你的发展，让你停留在原地，得不到任何进步。

所以，千万不要给自己设限，把自己局限在狭小的圈子里，束缚自己。不管前方的道路如何艰难，你都应该勇敢地闯一闯，努力拼搏一番，哪怕遇到很多阻碍甚至走不下去，你也可以另辟蹊径，寻求其他出路，这样你才能欣赏到最美的风景，实现人生目标。

很多人常常自我设限而不自知，他们往往抱着这样的想法：自己的身份不能做这样的事；没有这方面的能力与技能，肯定做不好。殊不知，你越是这样自我设限，就越是不想做、做不好。正因为这种思想的存在，才造就了现在的大学生不愿下基层，技术人才不愿做高难度的挑战，企业高管不愿主动与普通员工沟通……他们觉得，有些事做了会有损自己的身份，给自己带来麻烦。所以，他们的路才会越走越窄，以至于将自己逼进死胡同而茫然不知。

这种想法是错误的。一个人若想获得成功，做出成绩，就要懂得变通，另辟蹊径，寻找更多的出路，走最适合自己的路。唯有这样，你才能发挥自己的特长，创造属于自己的辉煌，演绎与众不同的人生故事。

别为了薪水，忘了你当初的抱负

工作到底是为了什么？想必很多人会回答：赚钱。这话当然没错，但在赚薪水的同时，不要忘了你当初的抱负。那些事业上成功的人，都有远大的目标。他们会看得更长远，而那些仅仅为了薪水而工作的人，往往看不到更远的东西，眼光变得越来越狭隘。

没有目标和抱负，只为了薪水工作，这不是一种好的人生状态，只会让自己蒙受损失。

有的年轻人刚走出校门时，总是对自己抱有很高的期待，就算刚开始工作，也认为自己应该立即得到重用，拥有丰厚的薪水。在这些人眼里，工资成了衡量一切的标准，什么职业规划、发展潜力统统不考虑，只要能拿到满意的工资，就是一份好工作。

郭平大学毕业后找了一份工作，在自来水厂当化验员。这份工作在外人看来很好，他自己当初也很满意，工作轻松不说，薪水也不错。在同时毕业的同学中，郭平的工资算是比较高的，当时大家都很羡慕他。

可是没过几年，郭平就后悔了。当初的“高工资”已经好几年没涨了，毕业时工资不如他高的同学纷纷升职加薪，早已经超过他的“高工资”。而且，这个工作没有多大发展前景，最关键的是与他的专业毫不相关。

郭平当初学的是英语专业，为了“高工资”，才选择了水厂这份工作。但这几年工作下来，他的专业知识却忘得差不多了。看着同学们现在一个个都发展得比他好，郭平对自己当初就业时只看工资的做法，感到十分后悔。

其实，郭平就是典型的为薪水而工作。当初就业时，他丝毫没有考虑职业生涯发展，只看到了眼前的工资。一份“高工资”，就断送了自己的发展前途，实在是得不偿失。

还有一种情况就是，刚刚踏入社会的年轻人，缺乏工作经验，公司还无法委以重任，所以薪水也不会很高，于是有些人产生怨言。可是，这种抱怨对自己的工作不能起到任何积极作用，还会在上司和同事面前留下一个不好的印象。

胡轩大学毕业后进入一家公司实习。一进公司，他就到处打听其他同事的薪水。他在得知几位资深员工的工资水平后，就愤愤不平地认为公司不公平，没有做到一视同仁。但他却忽略了一点，资深员工的工资高，不仅是因为工作年限长，更是因为能力出众。

在很多年轻职场人的眼里，自己在公司工作，公司给自己发薪水，自己与公司之间的关系就只是一种等价交换。他们曾经的抱负和梦想，在遭受一次次的现实打击后逐渐破灭，对工作也没了信心和热情，看不到除薪水以外的东西，对工作的态度也是敷衍了事，能偷懒就偷懒，他们只想对得起自己的工资，却没有想到是否对得起自己的前途，是否对得起家人的养育之恩。

之所以会出现这种情况，是因为大多数人觉得自己的薪水太少，不值得自己付出，进而将比薪水更重要的东西放弃了，这实在太可惜了。如果觉得薪水太少，就应该通过自己的努力实现加薪，或是努力站到更大更高的平台上去，而不是用消极的态度对待工作，这样害的不是老板，而是自己。

我们应该记住："不要仅仅为了薪水而工作。"薪水只是工作的报偿方式之一。如果认真对待工作，工作会带给我们远比薪水要多的东西。而且，一个以薪水为奋斗目标的人，无法走出平庸的生活，也不会获得真正的成就感。工资只是我们工作的目的之一，而不是全部。

心理学家研究发现，当一个人的金钱达到某种程度时，他就会开始追求更高层次的东西。虽然我们没有达到那种境界，但忠于自我的人都明白，金钱只是人生众多成就中的一种。如果不信的话，可以问一问那些成功人士，如果没有了丰厚的金钱作为报酬，他们是否还会从事自己的事业？相信他们的回答，绝对是肯定的。

想要从工作中获得更多的成就感，最好的做法就是找一个即使酬劳不多，自己也愿意做下去的工作。当我们找到自己真正热爱并愿意为之全心投入的工作时，金钱自然会随之而来。

我们不应该只为了薪水工作，比薪水更重要的是在工作中发挥自己的才干，实现自己的抱负，实现人生价值。如果工作仅仅只是为了拿一份薪水，人生就太没有追求了。

除了满足基本生存需求外，人还有更高层次的需求。我们不应该麻痹自己，告诉自己工作就是为了挣钱，人生中还应该有更高的目标和追求。无论薪水高低，我们都应该在工作中做到尽心尽力，这样做不是为了老板，不是为了公司，而是为了自己。

对待工作敷衍了事的人，无论在什么领域，都不容易获得真正的成功。

别因为薪水，忘了你当初的抱负。只有经历过奋斗，才能收获经验、获得成长。只有把目光放得长远一些，不为短期的薪水高低而敷衍了事地对待工作，我们才能更好地发挥才干，在工作中做出一番成绩，令上司刮目相看。

有了成绩，还用担心薪水不会增加吗？

激发潜能，才能创造无数可能

不知道你是否有这样的情况：每当夜深人静的时候，总是辗转反侧睡不着？总是想改善生活状态，却没有头绪？总是觉得自己任劳任怨，却没有得到应得的回报？反观周围的同事、朋友，他们似乎总能轻而易举就得偿所愿，这让自己难以入眠。究竟是什么原因，造成这样的反差呢？

是自己技不如人，还是别人有贵人相助？如果我们一直这样想，就大错特错了。没有人随随便便就能成功，更没有人是因为好运才成功的。

人们都渴望成功，渴望成为人上人，但在现实生活中，真正成功的却没有几个。有人说，自己的人生之所以惨淡，是因为老天爷没有告诉自己成功的捷径。其实，我们更应该告诉自己：靠天靠地，不如靠自己。

这个世界没有成功的捷径，只有当自己的内心强大后，才有战胜困难的勇气和决心；只有激发潜能，才能创造无数的可能。优秀的人之所以优秀，会成功，是因为他们除了努力奋斗外，还善于激发自己的潜能，从而创造更多的可能。

要知道，每个人的身上都有无限的潜力，当这些潜力爆发的时候，我们才能发挥自己最大的优势。但可惜的是，潜力不是一触即发的，大部分都隐藏得很深。一个人究竟能发挥多大的潜力，完全取决于自我判断。

如果我们认为自己是一个能力超强的人，就有信心做好每件事，发挥自己最大的潜力，踏上成功之道；反之，如果我们认为自己平淡无奇，遇到困难就退缩，自然不能发挥出最大的潜力，最终只能过着平凡的生活。

有人将一只老鹰蛋放到鸡窝里，这只小鹰从出生后就与鸡舍里的小鸡一样，在院子里觅食、嬉戏，每天捡主人洒下的谷粒吃。有老鹰俯冲下来的时候，它也和其他小鸡一样，四处乱窜，东躲西藏，它习惯了这样的生活，以为自己就是一只普通的小鸡。

有一天，主人心血来潮，想训练这只小鹰飞翔，但不管主人怎么训练，这只小鹰就是不会飞，因为小鹰一直认为自己是一只不会飞的小鸡。

后来，主人看到小鹰没有任何飞翔的迹象，很失望，他觉得自己白白养了一只鹰。于是，他决定把这只小鹰丢弃。当他把小鹰扔下悬崖的时候，小鹰在慌乱之中突然张开翅膀，扑腾几次后，在快要落入崖底的瞬间飞了起来。此时的小鹰才惊奇地发现，原来自己不是小鸡，还会飞。

为什么小鹰的主人训练了很久都没能让小鹰飞起来？为什么小鹰在跌入悬崖的瞬间却飞了起来？因为小鹰的求生本能激发了自己飞翔的潜能，所以才能在生死瞬间绝地求生，展翅高飞。就连动物都知道在危机时刻激发潜能，求得生存，当我们身处绝境的时候，也要像小鹰一样激发潜能，求得一线生机，不能无动于衷，继续埋没自己的潜能。

有些人最大的悲哀就是，自己明明具备一身的潜能却不自知，以至于失去许多大好的机会。我们不停地努力，目的就是想让自己的人生精彩纷呈，可不管我们怎么努力，收效却甚微。为什么我们的努力没有得到回报呢？最根本的原因就在于，我们没有关注并激发自己的潜能，没有发挥出自己最大的优势。我们不能忽视潜能的重要性，只有激发潜能，才能创造无数的可能，让我们事半功倍。

其实，每个人都蕴藏着无限的潜能，这种潜能与生俱来，只是没有被激发或是受到了压抑。它就像等待着伯乐的千里马，当我们激发出潜能后，才能获得伯乐的赏识，获得成功。如果我们一直安于现状，不积极主动地激发潜能，机会自然不会主动上门，因为它往往是留给有准备的人的。

我们积极主动地面对生活，就是我们掌握自己思想与命运的时候。此时，我们才能激发出自己的最大潜能，收获意想不到的效果。

有一家炼钢厂，每个月都不能按时完成规定的工作任务，员工也都消极怠工，得过且过。无论厂长用什么办法激励员工，都不能完成定额，即使是惩罚车间工人，也无济于事。

一天，厂长来车间视察，正好遇到白班的工人下班，于是他问白班的工人："你们今天炼了几炉钢？"

白班的工人回答说："4炉。"

厂长听到工人的回答后，一句话也没有说话，只是拿起笔在车间的公告栏上写了一个数字"4"就离开了。

当夜班的工人接班时，看到公告栏上的"4"，就好奇地问白班的工人："这个数字是什么意思？"

白班的工人回答说："刚刚厂长来巡查，他问我们白天炼了几炉钢，我说4炉，他就在这里写了个'4'。"

夜班的工人听到后，心想我们可不能输给白班，于是抓紧时间去干活了。

第二天，厂长在夜班下班的时候来到车间，他发现夜班的工人把昨天的“4”擦掉了，换成了“6”。当白班的工人过来接班的时候，发现夜班炼了“6”炉钢，他们觉得自己不能输给夜班，于是拼命加紧干，最后在交班的时候，白班的工人竟然炼了“8”炉钢。

他们觉得这个数字太不可思议了，因为这个量比以往多一倍，从未想过自己能有这么大的潜力。靠着这种激励的方法，他们每个月的生产任务都能超额完成。

所以，只要方法用得好，哪怕是一个小小的数字，也能激发人们无限的潜能。

只有当我们的潜力完全被激发的时候，优势才能显现得更明显，拥有更多的机会。只有当自己变得足够强大的时候，才能拥有更多的可能。我们不能被动地等待机会，而应该不断激发自己的潜能，努力让自己变得更优秀，这样才会发挥自己的最大优势，创造更多的可能。

分享，让你得到更多

唐代著名诗人杜甫在《客至》一诗中写道：“肯与邻翁相对饮，隔篱呼取尽余杯。”此时的杜甫结束了长期颠沛流离的漂泊生涯，终于定居下来，这份喜悦之情，在与邻翁的分享中得到升华。

其实，现实生活中也是如此。不管你是快乐，还是烦恼、忧愁，总想找个人聊一聊，和对方分享你的快乐和痛苦。正是这种分享的心理，才能促进人与人的交流。这种即时性的沟通方式，也教会人们怎样沟通、分享。

如果你向别人分享快乐，除了能让别人感受到你的喜悦外，还能收获别人的祝福和鼓励。这些祝福和鼓励又可以化作前进的动力，让自己更好前行。如果你向别人倾诉悲伤的事，那么分享就可以变成你烦闷时的一个发泄口，不仅可以减轻你的心理压力，还可以通过别人的客观分析，给你建议，让你更好地解决烦恼。

培根说：“如果你把快乐告诉一个人，你得到的将是两份快乐；如果你把忧伤告诉一个人，你将只得到半份忧伤。”分享是一件利人又利己的行为。

在一个没有电梯的老小区里，住着一个盲人。这位盲人每天吃过晚饭后，都会从三楼摸索着下一楼，到小区散步。有一天，他碰到一个邻居，问楼道里的灯晚上亮不亮，邻居觉得一个盲人问灯亮不亮很奇怪，但还是回答说：“都是感应灯，暗得很。”盲人听到后，若有所思地点点头离开了。

没过几天，盲人经过物业的同意，告知邻居们，自己愿意给本栋楼补贴电费，把楼道里的灯泡都换成大功率的，这样到了晚上，楼道就会亮堂许多。

邻居们都感到非常奇怪：一个盲人本来就看不见，就算上下楼梯也是顺着墙摸索，既然这样，为什么还要在意灯泡的亮度呢？这种事不是应该看得见的人去做吗？

后来，终于有人忍不住问盲人："你为什么要自掏腰包付电费换灯泡呢？灯泡的亮度对你来说，并没有太大的意义呀？"盲人回答说："我确实看不见灯，可是看得见灯的人看得到我，如果灯泡亮一些，我散步回家的时候，你们就不会因为光线不好而不小心撞到我，这样不是更好吗？"邻居听了，才恍然大悟。

上述案例中的盲人，正是因为懂得分享，懂得只有别人便利，自己才更便利的道理，最终达到双赢的效果。如果盲人很自私，认为反正自己也看不见，楼道里的灯够不够亮与他没有什么关系，就很可能因为灯泡太暗而被邻居撞倒，造成双方的损失。

懂得分享的人，自己会得到更多。可是现如今，人们过度地追求物质生活，忽略了精神生活，总是不愿意分享，生怕别人从他那里拿到什么好处，比自己过得好。其实，这样的人永远被自己小小的格局所困，只能活在小小的世界中。他们不会理解别人的快乐和悲伤，因为把自己紧紧地包裹起来，也不与人分享自己的快乐和悲伤，长此以往，就会变得越来越狭隘，最终失去朋友，甚至失去发展的机会。

其实，学会分享并不难。分享不一定需要你大手笔的作为，有时候，它只是生活中的一些小事。比如，你可以每天为身边的人讲一个笑话，可以在下雨天把伞分享给没有带伞的陌生人，可以去离你最近的养老院陪陪那些孤单的老人，可以把吃剩的饭菜留给流浪猫。

分享可以从这些力所能及的小事做起，久而久之，你会发现，这些充实的分享填满了你空虚的内心。有时候，不一定要丰盈的物质，不一定要人时时刻刻地陪伴，只要你懂得分享，就生活得很满足、很幸福。

老刘是村里最有学识的果农，经过多年的潜心研究，他培育出了一种新的果子。这种果子不仅皮薄、肉厚、多汁，更重要的是非常抗病。经过一年的种植，到收获的时候，果贩们争相抢购老刘的果子，老刘赚了个盆满钵满。

村里其他果农羡慕他的成功，想借他的种子来种植，可老刘认为这些种子是自己多年研究的心血，物以稀为贵，如果大面积种植，果子就卖不上价钱了，所以他拒绝分享。没办法，其他果农只好继续种植以前的果子。

第二年果子成熟的时候，老刘的果子质量明显下降，与普通的果子没有太大区别，果贩们纷纷压价。老刘只好降价处理，否则果子就只能烂在地里。

为了弄明白今年的果子质量为什么这么差，老刘请来城里的专家。专家把全村的情况视察了一遍后，对老刘说："你的果子今年之所以质量很差，是因为整个村子种的都是旧品种的果子，只有你种的是新品种的，开花时，经过蜜蜂、蝴蝶和风的传播，你的品种和旧的品种杂交了，果子质量当然不好。"老刘着急地问："那可怎么办是好？"专家说："很简单，大家都种同一个品种，你把好的品种拿出来分享就行了。"

于是，老刘把新品种的果子拿出来分享给大家一起种。第二年丰收的季节到了，大家都收获了好的果子，人人都很开心。

明朝作家洪应明在《菜根谭》中说："路径窄处，留一步与人行；滋味浓时，减三分让人尝。此是涉世一极乐法。”意思是说：当路很窄的时候，要给别人留一点地方走路；当你享受美食的时候，要分一点给别人吃，这才是为人处世的最佳方法。

老刘原本想独种好的果子，独自一个人获利，可没想到，不仅没有带来好的利润，反而带来了不良的后果。后来，他把好的果子分享给大家后，不仅得到了自己想要的效果，而且还帮助大家获得财富，这就是分享带来的双赢效果。

美国富兰克林说过：“我读书多，骑马少，做别人的事多，做自己的事少。最终的时刻终将来临，到那时我但愿听到这样的话；他活着对大家有益，而不是他死时很富有。”要知道，分享才能创造共赢，要切记不管什么时候都不要吃独食。一个懂得分享的人，才懂得爱与责任；一个懂得分享的人，才懂得知冷暖、懂风雨；一个懂得分享的人，才懂得心怀格局、有容乃大。

分享不仅可以让你得到物质上的回报，而且还能给你的心灵带来前所未有的安全感和满足感。分享的过程就好比种树，前期你要辛勤劳作，看不到任何回报，后期你会发现，树上都结满了果实，而且是硕果累累。所以，请试着分享吧！你会发现人生处处充满惊喜。

没有目标，就是闭眼“瞎忙”

生活中，我们每天奔波在生活和工作间，总是忙忙碌碌，或焦虑，或疲惫。不知道你是否有这样的感觉，回到家身心俱疲，只想“葛优躺”，不明白事情为什么那么多，就算拼命加班，每天的工作任务还是无法按时完成。每天都在不停追赶，可是依旧忙碌又疲惫，这到底是为什么呢？

其实，最根本的原因是我们没有目标，没有计划。如果我们能有计划地做事，就可以好好利用有限的时间，轻松拥有精彩的人生。但是在现实生活中，我们大多数的时间都是在“瞎忙”。“瞎忙”指的是漫无目的、机械式的忙碌，这就像是一只“无头苍蝇”，四处乱撞，就算头破血流，也永远找不到出口。

要知道，目标是人生卓越的基础，如果我们连自己要去哪里都不知道，就哪里都去不了。没有目标的努力，就是闭眼“瞎忙”，就算忙碌到天亮，也看不到明天的太阳。如果人生没有目标，会是什么样的呢？没有目标的人生，就像沙漠中的独行者，再怎么努力也走不出沙漠；没有目标的人生，就像大海中的一叶扁舟，只能随着海浪跌宕起伏，不知何时才能靠岸。

有研究机构为了证明目标的重要性，特意做了一个实验。参加实验的人被分为三组，分别向十公里外的三个不同村庄出发。

第一组人既不知道路程，也不知道村庄的名字，所以只能跟着向导走。结果才走了不到三公里，就开始有人抱怨；走到一半的时候，大部分人开始闹情绪，有的人甚至非常愤怒，对向导大声吼道：“到底还有多久才能到？什么时候才是尽头？人都要累死了！”走的时间越长，他们的情绪就越低落，有的人干脆拒绝往前走，原路返回了。

第二组人虽然知道里程和村庄的名字，但是路上没有里程碑，只能凭借感觉和经验来算大概的时间和距离。结果走到一半的时候，就有几个人开始抱怨。队伍中一个有经验的人对那些抱怨的人说：“快了，我们已经走了一半的路程。”于是，他们继续往前走，当路程还剩下四分之一的时候，大部分人开始疲惫，抱怨的声音此起彼伏，因为他们不知道还有多久才能到达终点。此时，那个有经验的人说：“很快，再坚持一会儿就到了。”他们听到这句话后又燃起希望，感觉前方不远处就是终点，于是加快步伐，很快就到了目的地。

第三组人不仅知道里程和村庄的名字，路上每隔一公里就有一块里程碑。所以，他们一开始就充满希望，一路上欢声笑语，好似郊游，边走边看里程碑。于是，他们在情绪高涨的情况下，很快到达了目的地。

由此可见，当我们给自己设立了明确的目标时，就能清楚地知道自己与目标的距离，这样才能保持并加强自己的热情，努力让自己达到目标。所以，目标就是人生的罗盘、生活的信念，没有目标，会让我们失去人生的方向，只能在黑暗中胡乱行走。

比塞尔是西撒哈拉沙漠中的旅游胜地，每年都会吸引数以万计的游客前往。但在冒险家莱文发现它之前，比塞尔只是一个不为人知的小村庄，当地没有一个人走出过大沙漠。其实，他们不是不愿意走出这个贫穷落后的地方，而是因为他们经历过无数次的失败后，发现根本就走不出去。

可是，莱文不相信这个说法。他向当地人打听后，发现几乎所有人的回答都是一样的：不管从哪个地方走，最终都会回到出发的原点。为了证实当地人的说法，他做了一个实验：从比塞尔向北出发，结果只用三天就走出去了。对此，莱文感到很奇怪：为什么比塞尔人走不出来呢？

为了找到这个答案，他雇用了一个比塞尔人，让他带着自己走，看看究竟是为什么？他们带了半个月的水和干粮出发了。这一次，莱文收起指南针等其他设备，只是拿着木棍跟着比塞尔人。

十天过去了，他们还没有走出沙漠，到了第十二天的早上，他们竟然又回到比塞尔。此时，莱文终于找到比塞尔人走不出沙漠的原因：他们既没有指南针，又不认识北斗星，在不能辨别方向的情况下，只是凭着自己的感觉在沙漠中走，最后兜兜转转回到原点。在沙漠中，既没有指南针，又没有任何参照物，只凭感觉，是不可能走出去的。

后来，莱文离开比塞尔时，带上一个叫阿古特尔的小伙子，就是上次他雇佣的人。莱文告诉他："你白天好好休息，晚上朝着北方那颗最亮的星星走，就要可以走出沙漠。" 阿古特尔按照莱文的方法，三天后就走出了沙漠。

阿古特尔因此被视为比塞尔的开拓者，他的铜像被立在比塞尔城的中央，在铜像的底座上刻着一行字：新生活是从选定方向开始的。

其实，人生就像独自一人在沙漠中行走，如果没有目标，十有八九会迷失在茫茫的沙漠中。从设定目标开始的人生，才是真正的人生旅程，以前只是闭眼"瞎忙"而已。

如果人生没有目标，我们就会失去前进的动力；如果没有动力，我们奋斗的激情将被生活磨灭。因此，我们要避免没有目标地"瞎忙"，要让自己的付出变得有价值，努力得到应有的回报。那么，究竟要怎样做才能避免"瞎忙"呢？

首先，找对平台。不管你是聪明人还是普通人，只有找对平台，才能发挥自己的最大价值。我们都是生活在环境中的产物，只有找到最能实现自己价值的地方，才能找到前进的方向，避免“瞎忙”。

其次，交对朋友。正所谓“物以类聚，人以群分”，人与人之间的影响也非常重要，尤其是在起步阶段，被谁影响真的很重要。有的人经常被身边的朋友影响，认为生活只要得过且过就可以了，还经常被朋友的消极情绪所影响，认为生活没有太大的意义。因此，跟谁交朋友，真的能决定我们未来的人生。

最后，跟对贵人。要知道，先有伯乐，才有千里马。“伯乐”是教会我们正确价值观、思维方式和人生观的人，是给我们指明方向的人，是恨铁不成钢又不忍心放弃我们的人。跟对贵人，才能让我们明确自己的方向，不至于“瞎忙”。

曾有一家机构做过这样的调查：他们在一所大学的毕业生中选择40人做跟踪调查。这40人中，有20人有明确的目标，决定从毕业开始就朝着自己的目标奋斗；另外20人没有明确的目标，只想先找份工作，能养活自己再说。20年过去，有目标的20人中，有18个成为百万富翁；而没有目标的20人中，仅有一人成为百万富翁。

在现实生活中，几乎人人都被快节奏的生活、强大的工作压力压得喘不过气。我们总是希望用更多的时间换得升职加薪，希望在竞争中脱颖而出，获得自己想要的社会地位，但我们不知道的是，忙碌是否真的能换来等价的回报，如今“瞎忙”已然成为一种社会常态。

如果我们想拥有轻松、愉快的生活，就要让自己有目标；如果我们想成就非凡的事业，就要让自己有努力的方向。不要再庸庸碌碌地过下去，从现在开始改变自己“瞎忙”的状态，让目标带领我们走向美好的未来。

辑八
富有的人，都有富有的习惯

有人说：“富有的习惯，决定你一生的财富。”生活中，许多人正是培养了富有习惯才渐渐变得富有的。因此，只有有了富有的观念，才能养成富有的习惯，不至于为了钱而焦头烂额。

拒绝风险，就是在拒绝金钱

虽然我们不赞成赌徒式的冒险，但任何机会都有一定的风险，如果因为害怕风险就放弃机会，无异于因噎废食，“爷爷倒脏水连孩子一块倒掉了”。

但凡成大事者，无不慧眼辨机，他们看到的不仅是风险，更在风险中发现并逮住机会。

当年摩根从德哥廷根大学毕业，进入邓肯商行工作。一次，他去古巴哈瓦那为商行采购鱼虾等海鲜归来，途经新奥尔良码头时，他下船在码头一带兜风，突然一位陌生白人从后面拍了拍他的肩膀：“先生，想买咖啡吗？我可以出半价。”

“半价？什么咖啡？”摩根疑惑地盯着陌生人。陌生人马上自我介绍说：“我是一艘巴西货船船长，为一位美国商人运来一船咖啡，可是货到了，那位美国商人却已破产。这船咖啡只好在此抛锚……先生！您如果买下，等于帮了我一个大忙，我情愿半价出售。但有一条，必须现金交易。先生，我是看您像个生意人，才找您谈的。”

摩根跟着巴西船长一道看了看咖啡，成色还不错。想到价钱如此便宜，摩根便毫不犹豫地决定以邓肯商行的名义买下这船咖啡。然后，他兴致勃勃地给邓肯发出电报，可邓肯的回电是：“不准擅用公司名义，立即撤销交易！”

摩根勃然大怒，不过他又觉得自己的确太冒险了，邓肯商行毕竟不是他摩根家的。自此，摩根便产生一种强烈的愿望，那就是开公司，做自己想做的生意。

无奈之下，摩根只好求助于在伦敦的父亲。吉诺斯回电同意他用自己伦敦公司的户头偿还挪用邓肯商行的欠款。摩根大为振奋，索性放手大干一番，在巴西船长的引荐之下，他又买下其他船上的咖啡。

摩根初出茅庐，做下如此一桩大买卖，不能说不是冒险。但上帝偏偏对他情有独钟，就在他买下这批咖啡不久，巴西便出现严寒天气，一下子使咖啡大为减产。这样，咖啡价格暴涨，摩根便顺风迎时地大赚了一笔。

从咖啡交易中，吉诺斯认识到自己的儿子是个人才，便出了大部分资金，为儿子办起摩根商行，供他施展经商的才能。摩根商行设在华尔街纽约证券交易所对面的一幢建筑里，这个位置对摩根后来叱咤华尔街乃至左右世界风云起了不小的作用。

这时已经是1862年，美国的南北战争正打得不可开交。林肯总统颁布了“第一号命令”，实行全军总动员，并下令陆海军对南方展开全面进攻。

一天，克查姆——一位华尔街投资经纪人的儿子、摩根新结识的朋友，来与摩根闲聊。

“我父亲最近在华盛顿打听到北军伤亡十分惨重。”克查姆神秘地告诉他的新朋友，“如果有人大量买进黄金，汇到伦敦去，肯定能大赚一笔。”

对经商极其敏感的摩根立时心动，提出要与克查姆合伙做这笔生意。克查姆自然跃跃欲试，他把自己的计划告诉摩根：“我们先同皮鲍狄先生打个招呼，通过他的公司和你的商行共同付款的方式，购买四五百万美元的黄金——当然要秘密进行；然后，将买到黄金的一半汇到伦敦，交给皮鲍狄，剩下一半我们留着。一旦皮鲍狄将黄金汇款之事泄露出去，而政府军又战败，黄金价格肯定暴涨，到那时，我们就堂而皇之地抛售手中的黄金，肯定会大赚一笔！”

摩根迅速地盘算着这笔生意的风险程度，爽快地答应了克查姆。一切按计划行事，正如他们所料，秘密收购黄金的事因汇兑大宗款项走漏了风声，社会上传出大亨皮鲍狄购置大笔黄金的消息，“黄金非涨价不可”的议论四处流行。于是，很快形成争购黄金的风潮。由于抢购，金价飞涨，摩根一看火候已到，迅速抛售了所有黄金，趁混乱之机又大赚了一笔。

这时的摩根虽然年仅26岁，但他那闪烁着蓝色光芒的大眼睛，看上去令人觉得深不可测；再搭上短粗的浓眉、胡须，让人感觉他是一个深思熟虑、老谋深算的人。

此后的一百多年间，摩根家族的后代秉承了先祖的遗志，不断冒险，不断投机，不断收敛财富，终于打造了一个实力强大的摩根帝国。

机会常常与风险结伴而行，结伴而来的风险其实并不可怕，就看你有没有勇气逮住机会。敢冒风险的人，才更有可能赢得成功。

你的使命感中，隐藏着你的财富值

通常，有使命感的人都心怀天下，而心怀天下的人自然会获得更多的财富。

本节开始之前，先来看两个名词解释。

第一个是使命感。所谓使命感，是指一个人自我天生属性的寻找和实现。说得通俗一点，就是一个人对生活、生命的责任与任务。

使命感是一种责任，更是推动事业的重要力量。一个有责任感的人，才会主动地要求自己、督促自己，让自己勇往直前。不管是自己想做的事还是不想做的事，不管是轻松的事还是困难的事，都会一如既往，拼搏到最后。

使命感也是人们对理想的忠诚和热爱。只有当使命感贯穿理想的时候，人们才会坚定自己的信念，无惧风雨，勇往直前，将理想变成现实。

假如说理想是一颗种子，使命感就是让种子长成参天大树的土壤、水分、空气和细心的呵护。试想，如果只有种子，没有土壤和水分，再好的种子也不会生根发芽，如果没有细心的呵护，更不可能长成参天大树。

如果一个人没有使命感，这个人很容易被小小的困难击退，更不可能战胜更大的困难，当然就不能实现远大的理想和抱负。

第二个是财富值，一般指的是一个人拥有财富的多少。这里指的是一个人的财富格局，换句话说就是，未来可能会拥有多少财富。

每个人的财富格局都是不一样的。一个人能拥有多少财富，取决于他的财富格局，而一个人财富格局的大小，又取决于他对财富获得的正确认知。可以说，使命感是财富值成立的必要条件，而财富是使命感存在的必然结果。所以，使命感和财富相辅相成，二者缺一不可。

如果光有财富值，没有使命感，就犹如失去地基的空中花园，虽然能获得一时的壮丽，但最终会因为缺乏扎实的地基而轰然倒塌。没有使命感的财富值，会因为人性的贪欲而扭曲财富获得的道路，从而导致财富格局变小。

如果光有使命感，没有财富值，就会显得太过虚无缥缈，让人们在残酷的奋斗中迷失方向，找不到前进的动力。

无产阶级创始人马克思说：“作为确定的人，现实的人，你就有规定，就有使命，就有任务，至于你是否意识到这一点，那是无所谓的。这个任务是由于你的需要及其与现存世界的联系而产生的。”

马克思强调使命感是客观存在的，是每个人生来就有的，不是强加的。如果想要将使命感转化成财富值，就要做到以下两点：一是找到使命感；二是结合自身实际和使命感，找到适合自己的方向，然后把使命感带到实际行动中，这样才能增加你的财富值。

有些人虽然找到了使命感，但却没有在实际行动中找到与使命感相连的财富通道，所以这份使命感没有转化为财富值；而有些人虽然找到了通往财富的道路，却没有找到使命感，所以也很难拥有很多财富。

这就好比一个人非常希望自己能像超人一样帮助别人，并把帮助别人作为自己的使命，可在实际行动的过程中，却只模仿了超人的经典外表、动作和语言，没有付出具体行动，最终他是不可能变成超人的。如果使命感没有得到延续，是不会转化成有用的价值的。

如果这个人除了拥有超人的使命感外，同时还意识到只有自己强大才能帮助他人时，就会不断努力，让自己变得更强大。这样当他拥有超人般的能力时，就会实现自己“超人”的梦想，并且在实现梦想的同时，获得极高的声誉和更多的财富。

使命感不但可以成为财富值，而且还可以决定财富值的大小。

山姆·沃尔顿把“希望全世界的人都能用最低的价格买到日用品”作为自己的使命，因此就有了沃尔玛超市，并让其成为全球最大的连锁超市。

比尔·盖茨把“希望全世界的人都能懂得电脑的好处，让电脑为人类造福”作为自己的使命，因此成立了微软，开发电脑软件，最终成为世界首富。

亨利·福特把“让全世界的每个家庭都能拥有自己的汽车”作为自己的使命，因此创立了福特汽车公司，开发最节能、最低价的汽车，以便普通家庭都能买得起，最后成为“为世界装上轮子”的人。

这些富翁之所以能成就大事业，是因为他们拥有使命感，把所有的事都当成自己的事，并力求做到最好，因此才能获得巨大的财富。

古人云：“人必有坚忍不拔之志，方有坚忍不拔之力。”要想成就一份伟大的事业，必须要有一个伟大的理想，也就是使命感。使命感可以促进伟大事业的成功，这说明它对于想要创造财富的人来说，非常重要。

一个有使命感的人，一定有大志向、大理想，这样的大志向建立在整个社会之上，是一种成就小我、成就大我的胸怀。只有拥有使命感的人，才能不断奋斗，无所畏惧，所向披靡。

在做大事人的心中，使命感是他们做任何事的依据，是前进的动力和强大的精神支柱。在使命感没有实现之前，那些短暂的黑暗和苦难都是那么的微不足道，那些小小的成就也算不上成功。他们会坚持到底，朝着自己理想中的样子，拼命实现自己的使命感，这样才能获得下一步的成功。

一个有使命感的人，一定会珍惜生命，活在当下，明白生命和生活的内在意义，懂得用感恩的心面对生活，珍惜来之不易的生命。所以，有使命感的人在做大事之前，都会从大局出发，考虑清楚后再做出万全之策，这样才会更容易成功，从而获得更大的财富。

使命感决定你的财富值，所以从现在开始，请带着使命感做事，等你真正学会不拒绝、不抱怨、不争辩、不犹豫的时候，就离成功的彼岸又近了一步。

小气的人，注定难成气候

本节开始前，我们先来看个笑话：

刘大爷是镇上的有钱人，但他也是出了名的“小气鬼”。有一天，他生病了，请医生来给他看病，医生看完病说病情比较严重，药方里需要用人参。

刘大爷一听要用人参，连忙说：“人参多贵呀！我买不起。”

医生说：“没有人参也可以，那就用熟地，只是药效没那么好。”

谁知刘大爷还是摇了摇头说：“熟地也很贵，有没有更便宜的？”

医生没有办法，玩笑地说：“有个方子倒是不要钱，看你用不用，用干牛粪调点红糖也是可以的。”

刘大爷听到后大喜，但还是不死心地问：“光用干牛粪，不放糖可以吗？红糖还要花钱呢！”

医生顿时无话可说。

这个笑话中的刘大爷，可谓是小气到家了，自己生病了还一毛不拔，不愧是出了名的“小气鬼”。

“小气”指的是气量小、胸襟小，这里的“小”，并不局限于物质、金钱，而是可以扩散到日常生活和工作中，如爱记仇、爱嫉妒，这个人就是心胸狭小；爱算计、爱攀比，这个人就是底气小；爱挑拨离间，见不得别人比他好，这个人就是人品小等。各种小的格局加在一起，自然就是一个小气的人，很难成大器。

其实，在现实生活中，这样的人不在少数。他们吃饺子都会数一数，看数量对不对，更有甚者，买菜的时候都会自己带上秤。这么多年的习惯，让他们养成喜欢占小便宜的习惯。

与这类人接触多了，你会发现：只要是饭局，他一定不会付钱，即使大家AA，他也一定有各种借口不埋单；只要是请他帮忙，他一定分析利弊，算清得失，如果关系到他的利益，态度会来个一百八十度大转弯；只要是出门旅游，他一定是“满载而归”，旅行箱里塞满酒店的牙刷、拖鞋、茶叶、浴帽等，还一本正经地说：“这可是我花了钱的，为什么不能拿？”

他们觉得自己特别“精明”，充满生活的“智慧”，觉得自己所做的一切都是理所当然的。

张亮去上海出差的时候，意外遇到来机场送人的大学同学魏涛。那个时候，同寝室的都喜欢叫他“精明男”。两人寒暄一阵后，约定等张亮办完事后一起吃顿晚饭。

两天后，张亮如约而至，魏涛见面时很高兴地说请他到一家很有特色的餐馆吃饭。他们步行了很久，绕了很多路，终于在一家不起眼的餐馆前停了下来。只见餐馆门打着巨大的广告，上面写着：“新店开张，啤酒免费送。”张亮此时才明白，他的老同学依旧没有改掉大学时的本性，还是那个小气的“精明男”。

既然来了，张亮也没有再说什么，他们随意地找了一张桌子坐下来，点完菜后，服务员拿了四瓶啤酒上来，说是做活动送的。菜还没上，他们就喝起酒来。没多久，他们的酒就喝得差不多了，魏涛让服务员再拿两瓶啤酒过来。

服务员说：“啤酒是八元一瓶，您需要几瓶？”

魏涛听后很诧异地问：“不是说啤酒免费吗，为什么还要收费？”

服务员解释道：“我们的活动是每桌免费赠送四瓶啤酒，多出来的都是正常收费，八元一瓶。”

结果魏涛说：“怎么这么小气，那我埋单了。”

正当张亮疑惑的时候，魏涛已经结账了，因为只上了一个菜，所以只花了几十元。张亮正往外走时，魏涛拉住了他，并在另外一张桌子坐了下来。对此，张亮很是不解，没一会，他才恍然大悟。当他们重新坐下来后，就变成了新的一桌，这样就又可以享受每桌送四瓶啤酒的优惠。

这个举动让张亮食欲全无，而且餐馆的其他顾客都看着他们，让张亮感觉很是尴尬，恨不得找个地洞钻进去。可魏涛还在那里洋洋得意，说道：“这个餐馆做的活动真是小气，对付小气的人，就要想办法整治他。”听到魏涛的话，张亮只觉得无语，不禁在心里感叹，这位老同学真不愧对“精明男”的称号。

上面故事中，“精明男”是真的“精明”“智慧”吗？当然不是，一个真正精明又智慧的人绝不会因小失大，让小的格局限制自己的大发展。

那些把眼光和心胸盯在小恩小惠上的人，看到的只有眼前利益，为了得到小利浪费了太多的时间和精力。这样的人先不说他们有没有机会成大事，即使有机会，也会为了小利而没有时间完成大事。

小气的人难成大器，换句话说，也就是只有大气的人才能成大器。这里所说的“大气”，主要表现在三个方面。

首先，对人宽容。在现实生活中，人与人之间难免有摩擦、有冲突、有利益纠纷。当别人的一句话或者无意间的一个动作对你造成伤害的时候，你不能因此记恨对方，而是应该选择在恰当的时候直接告诉对方你的想法，尽早解除误会，或者可以选择忽视别人的无心之过。只有对人宽容、大气，才能与人和谐相处。

其次，对事宽容。人生在世，会遇到各种各样的事，有高兴的，有悲伤的，有幸运的，有挫折的，你不能总是纠结那些只关乎利益的事。有时候，该付出时就要付出，该过去的就让它过去，不要喜怒形于色，遇到有利于自己的就忘乎所以，遇到不利于自己的就满面愁容。这样会让人觉得你是一个没有担当的人，又如何能成大器？

最后，对已宽容。千万不要小肚鸡肠，为了那些失去的小利益，不停地抱怨、惋惜，更不能为了得到一些小利益而处处算计。要试着敞开心胸，不要把个人利益看得太重，学会换个角度看待自己得到的，这样才能遇事豁达，淡然处之。

只有这样，才能拥有大气量和大境界，容得下别人，成得了大事。因此，请主动打开气量的大门，让小气出去，请大气进来，让大气帮助你成大器。

钱不够花，不是你不理财的理由

一谈到理财，许多人会说："我每个月钱都不够花，哪里还有闲钱理财？"特别是那些刚刚毕业的大学生更是如此，他们说得最多的是："等我以后赚大钱了，再考虑理财的事吧，现在没有那么多闲钱。""等我手里有十万的存款了，我再考虑吧，现在多赚钱才是正事。"

要知道，对于这样的想法，理财专家并不认同。他们认为，虽然年轻人没有足够的金钱，但有足够的时间用来学习。股市中有这样一句话："以时间换空间"，如果越早进入投资领域，个人增值的空间就越大。所以钱不够，不能作为我们不理财的理由。

生活中，收入还不错的年轻白领，往往是物质需求最多的一群人。他们需要买房子、车子、衣服、包包，还有每年的各种旅游，也是一笔不小的开销。这样看来，原本看起来不错的收入也许还不够用，就像现在他们所说的："挣得多，花得更多。"

他们往往抱着这样的想法："等我升职了，我就有更多的钱了。""等我能拿年薪的时候，我就有钱了。"但现实情况是，工资不断增长，消费也在不断升级，依旧还是没有积蓄。不仅如此，信用卡账单上的数字也是越来越大。

胡军本科毕业，工作一年，月收入是3 000元；王刚专科毕业，工作两年，月收入是2 000元。乍一看，胡军比王刚收入高，应该更有理财条件，事实真是如此吗？

胡军和王刚两人是同一天发工资，结果半年后，王刚反而存下来3 600元，而胡军身上的结余不到500元。

原来，胡军不管哪方面，开销都比王刚高，除去基本生活开支外，他还把钱用在游戏装备上。这样算来，胡军每个月的3 000元所剩无几。王刚虽然工资不高，但他的开销不大，基本生活费一个月大概是1 300元，没有不良嗜好，不抽烟，不喝酒，就喜欢看书，除了花100元左右购买自己想要的书籍后，每月大概还剩600元。这样算下来，王刚半年就结余了3 600元，后来又把结余中的3 000元存了一年的定期。

瞧，比胡军收入低的王刚一样能理财，所以不要跟自己说："我没有钱理财"，而是要告诉自己："从现在开始，我要学会理财。"只有这样，我们才能在不富裕的情况下为自己的财富添砖加瓦。

朱斌大学毕业后在一家汽车4S店上班，月薪4 000元，在他所在的城市里，这个收入不算多，但也不算少。从毕业后开始，他没有再用家里的一分钱，但也从没有给过家里一分钱，因为他的银行卡比脸干净，是个不折不扣的"月光族"。

有时候，他想换个新手机都没钱，后来他在公司了解一圈，发现许多人比他的工资还低，但有些人一年总能存下一点，少的能存几千块，多的能存上万。

每当有人问他是否理财了，他都感叹道："我又不是有钱人，每个月就那么点，都不够花，还理什么财呀！"

问题来了，是不是没有钱，我们就不需要理财了呢？错！有钱的人需要理财，没钱的人更需要理财！

就拿刚毕业的年轻人来说，绝大多数人的工资不高，他们能够不靠父母，维持自己的日常开支就不错了。要让他们从那点工资中拿出一部分来理财，确实有点勉为其难。

但是，理财有时候就像整理房间一样，任何房间都需要收拾，如果房间本身的空间很狭小，就更需要收拾整齐，这样才能体现房间的温馨，有更多的空余空间容纳其他东西。反之，如果一味地让房间凌乱不堪，我们可使用的空间就会相对减少。

同样的道理，当我们可以支配的钱本来就很少时，更需要合理规划使用这些钱。不要认为理财是有钱人的专利，也不要说只有学历高或是商人才能理财，更不要说理财是老年人的事。要知道，理财面前，人人平等。

我们需要的是一个正确的理财观念和理财习惯，而不是让你像财力雄厚的人那样，一定要靠理财达到怎样的财务预期。所以，请从现在开始，科学、合理地规划自己可支配的钱财，让财生财。

别不拿钱当回事

有人说："人不能光靠感情生活，还得靠钱。"的确如此，如果我们没有钱，就连基本生活都不能保证，甚至还会失去做人的基本自由。

金钱可以使我们的生活变得更美好，不仅能给我们带来物质上的富裕，还能为我们的娱乐、教育、旅游、医疗以及退休做保障。金钱可以为我们提供自信心，让我们更好地享受生活，表达自己，提供从事公益的机会……

实际上，从人类文明的发展史也可以说明金钱对我们的重要性。随着社会的发展，人们对物质水平的要求越来越高。许多时候，我们不得不承认："虽然金钱不是万能的，但没有金钱却是万万不能的。"

成功学大师拿破仑·希尔曾说："口袋里有钱，银行里有存款，会使你更轻松自在，你不必为别人怎么看你而过多忧虑。如果有人不喜欢你，没关系，你可以找到新的朋友。你不必为几百元钱的开销而操心，可以潇洒地逛商品市场，自由地出入大酒店。"

当说到钱的时候，有些人会露出鄙夷的神情，说对方是一个"俗人"，甚至还会说："瞧瞧你，被世俗变成什么样了，钱这个东西，生不带来，死不带去，你要那么多干什么，到头来都是一场空。"

然而，几年过去了，那些鄙视别人的"雅人"依旧与父母住在一起，为了每个月的生活发愁，为了孩子的教育费发愁。那些"俗人"

后来又怎么样了呢？已经住进了自己的新房，开上了自己的新车，过上了自己想要的生活。看到这里，那些“穷人”还觉得金钱俗气吗？

金钱不仅能让我们更有尊严、更自信，而且是我们生存的保障。所以，别拿钱不当一回事。面对金钱，我们可以大胆表露自己的想法，毫不掩饰对它的喜爱，但却要遵守“君子爱财，取之有道”这一原则。

当我们早早地认识到金钱的重要性时，就可以最大限度地调动聪明才智，发挥自己最大的能力，赚更多的钱。而“贫穷最高尚”的这种安慰剂，早就应该被抛弃了。

有人说：“贫穷是无能的表现。”这句话有些太绝对，但不得不说，在现实生活中，随着我们年龄的增长，生活压力越来越大，房贷、车贷、孩子的抚养费、父母的赡养费等接踵而来，压得我们喘不过气来。我们必须面对的现实是：钱真的非常重要。

对我们来说，想要赚大钱，除了勤奋、努力外，还必须转变思想。当然，这里包括对金钱的思想，要消除对金钱的负面认识，树立正面认知。几乎所有富有的人都有富有的思想，我们要向富有的人学习富有的思想，这样才有机会变成富有的人。

都说人喜欢与接受他的人在一起，金钱也一样。如果我们总是在心里鄙夷、瞧不起、排斥它，它自然不会来找你。如果我们热爱、珍惜它，它自然愿意亲近我们。我们喜欢钱的同时，更要用正确的赚钱方式和理财方式，让自己变得更有价值。

潇洒的“月光族”，其实并不潇洒

随着社会的发展，人们生活水平的提高，各种琳琅满目的商品和消费场所越来越多，这一切都诱惑着人们，导致出现越来越多的“月光族”。

什么是“月光族”？简而言之，是指那些每个月都把钱花光的人。换句话来说，就是月收入仅仅能维持自己日常开销的人，他们的口号是：“挣多少，花多少。吃光用光，身体健康。”

“月光族”绝大多数是年轻人，他们与上一辈人的思想观念完全不同，没有储蓄概念。他们喜欢新奇、潮流的东西，喜欢追求名牌，喜欢在各种网红店打卡消费，只要吃得开心，买得开心，不在乎消费金额。

赵丽已经参加工作三年了，月收入5 000元，可是吃饭、租房子、交通、每个月的买买买等算下来，每月都是零存款。赵丽说她想存钱，也想理财，但无奈“巧妇难为无米之炊”。按她自己的话来说：“这三年来，我每天朝九晚五，辛苦工作，至今为止依旧是个身无分文的‘月光族’。”

赵丽的同学筱筱，月收入4 500元，从工作的第一年开始，每月按时在银行卡上存500元，一年下来，存款为6 000元。可是，赵丽对此不以为然，她认为6 000元根本算不上什么。到了第二年，赵丽仍然在抱怨自己身无分文时，筱筱的存款已经有12 000元了，这让筱筱觉得“钱可以生钱”。于是第三年，她开始留意怎样让自己的存款增值。

实际上，像赵丽这样看似潇洒的“月光族”，其实并不潇洒。这种随意花钱的做法既不利于个人事业的发展，也不利于未来家庭的和谐。因此，我们要养成良好的花钱习惯，具体怎样做，可以参考以下几点。

计划经济：对每月的工资做好计划，哪些是需要支付的，哪些是需要节省的，哪些是需要存下来的，都要做好规划。对于储蓄资金，最好办理零存整取，虽然每个月的储额只有一小部分，但从长远来看，还是一笔可观的资金。

储蓄不仅可以给自己提供保障，还可以供个人旅游或购买大件物品。此外，我们每月最好给自己做一份“个人财务收支明细表”，可以看出哪些消费是合理的，哪些消费不合理，如果不合理，可以在下个月做出调整。

自我克制：现在消费诱惑越来越大，人们也喜欢逛街，看到自己喜欢的东西总是忍不住想要购买。所以，我们在逛街前最好做一个购物清单，避免额外消费。如今，支付方式越来越便捷，即使没带现金，也能支付宝或微信支付。所以，为了控制消费，可以少绑定一些银行卡，以免冲动消费，购买一些不实用的商品。

投资基金：虽然我们还年轻，最终还是会面对养老问题，所以应未雨绸缪，早做打算。

投资基金是一个很好的选择。一方面，相对股票来说，基金投资风险更稳妥，更好地规避股票市场风险，不至于跟随股价下跌而损失惨重；另一方面，基金的复利增长模式能给我们带来丰厚回报。此外，基金由专家操作，我们不用花太多的精力打理。

强制储蓄：可以把月工资收入的四分之一或是三分之一用来强制储蓄。虽然储蓄的收益不高，但很有必要，因为积少成多。比如，张亮的月收入是8 000元，每月固定存2 000元，一年下来能存下2 4000元，坚持五年就能达到12万元。

坚持记账：有些人经常说，“钱是挣出来的，不是攒出来的”，乍一听有些道理，但其实他们忽略了一个问题：“不积细流无以成江海”，开源节流才能更好地把握有限的资金。

要想控制自己的消费，明确自己把钱花在哪里，最好的办法就是记账，达到节流的目的。只有通过记账，我们才知道钱到底用在什么地方，才能一目了然地知道什么钱是该花的，什么钱不该花，什么钱可以不用花，这样下个月就能调整自己的消费结构。

除此之外，记账还有一个好处，那就是提醒自己已经花了多少钱，做到心中有数，不至于到月底入不敷出。刚开始的时候，也许没有多少结余，但只要我们坚持记账，慢慢地就会花得少了，结余自然就多了。

财富是靠自己创造的

网上有句话这样说："学习好不如长得好，长得好不如嫁得好，嫁得好不如爸爸好。"这种倚仗家庭背景横行霸道的行为，使得"拼爹"行为愈演愈烈，随之而来的是"拼爹"时代的到来。

这一切给那些无权无势的家庭带来许多困扰：许多报考了公务员的学子，看到"官二代"的优势而放弃了面试的机会；许多追逐艺术梦想的人，看到"名二代"的优势而失去了坚持的勇气；许多想通过自己的努力创造财富的年轻人，看到与"富二代"的差距而怀疑自己努力的价值。

于是，人们说："我们想做官，可是拼不过'官二代'；我们想实现艺术梦想，可是拼不过'名二代'；我们想创业，可是拼不过'富二代'。在这个现实的社会，无权无势的我们拼什么？"

"拼本事！"这句话是中南大学校长张尧学于2012年毕业典礼上对毕业生说过的话。

老子说："天地不仁，以万物为刍狗。"的确如此，每个人生来都是平等的，不同的是外部条件，而最终决定命运的是自己。

当然，有个优渥的家境，确实能给本来一无所有的人带来更优渥的外在条件，但是如果自己不努力、不上进，没有利用良好的条件创造属于自己的真本事，即使有个好背景，只会让自己难堪。

那些从小"含着金勺子"长大的孩子，如果自己不能练就"一身好本领"，最后只会让祖辈们精心攒下的财富付诸东流，"富不过三”说的正是这个道理。其实，生活中，那些凭自己的努力创造财富的人有很多，贺鹏就是一个。

贺鹏在淘宝网开了一家网店。在开店的十年里，他通过自己的努力，由最开始只拥有几千元的资产变成了一个千万富翁。

淘宝网是马云创造的电商帝国，是引领电子商务的巨头。贺鹏在2008年进驻淘宝，那时淘宝的门槛比较低，优惠政策很多，可以说当时的他几乎是零成本拥有了一家属于自己的网店。

那时候的淘宝网构架很简单，货品陈列没有现在这样丰富。当时他还有自己的全职工作，网店都是女朋友偶尔打理一下。当时，网店主要卖一些二手闲置用品，从没考虑过销量问题。直到有一天，他的一个朋友让他帮忙销售一批积压货物，他才开始考虑如何“销售”。

即便如此，网店的工作也没有成为贺鹏的主心骨，因为每天销量有限，每笔订单最多只能赚几元钱。但正是因为他的坚持，网店积累了很好的信用度。

所有的转机来源于他参加了平台的一个活动，网店在活动天销售了三百多件衣服，这让贺鹏很兴奋。

从那以后，贺鹏积极参加平台的各种活动。一年以后，网店的营业额达到4 000笔。这使得他原本租住的小屋已经放不下货物了，于是他租了一间更大的房子，作为工作室，还雇了三名员工。与此同时，他正式辞掉工作，专门开起淘宝。

这一次，他开始尝试卖自己设计的产品，并用自己卖的产品作为网店名称，设计了全新的店名Logo。上线当天，网店销售额从原来的4万到6万变成了15万。后来，贺鹏又进驻了天猫，开了一家旗舰店。就这样在十年间，通过自己的努力，贺鹏成为千万富翁。

贺鹏的例子是如今这个时代中比较常见的故事，也是一个从无到有的故事。这个故事告诉我们，机会是靠自己争取的，成功是靠自己闯出来的，财富是靠自己创造的。

当今社会，人们都觉得自己最委屈、最不幸，感叹房子太贵，买不起；爱情太高，攀不起；仕途太黑，走不起；创业太难，输不起。

但我们要知道，没有谁的青春是舒坦的。央视“名嘴”白岩松说过：“没有一代人的青春是容易的，每代人都有自己的宿命、挣扎和奋斗。”他说自己当年独自一人来到北京，在没有任何关系，也不靠任何关系的情况下获得了今天的成绩。他用亲身经历告诉我们：即使没权没势，也不能放弃对梦想的追求，不能失去对成功的信心。

我们这一代又有什么不好呢？网络便利，信息发达，可通过互联网实时揭露现实的不公或违法乱纪行为，不像以前为了一个公道，跑一辈子都没结果；可通过高考改变自己的命运，通过国考做官，不像以前即使有本事也很难当官，只能一辈子面朝黄土；可通过选秀节目展示自己的才华，不像之前即使有才华，也只能默默无闻……

如果我们现在还在抱怨自己为什么没有一个有背景的家庭，为什么没有……将永远把时间浪费在这些抱怨中，将一辈子沦陷在“没权没势的人生注定平凡”的思维中不可自拔，更谈不上成功了。

从现在开始，放下那些“生来不公”的思想包袱，努力修炼自己的本事，让自己立足社会，得到真正的发展。不要再让“拼爹”的思想影响我们，要早日明白，财富是靠自己创造的。

辑九
循序渐进中，一步步撑起自己的野心

成功不是上天赏赐的，而是在循序渐进中一步一步积累、塑造的结果。从小事做起，你会发现，想要撑起自己的野心，也没有想象中那么困难。首先要知道自己要什么，不要什么，然后坚定自己的信念，坚持到底，成功属于不屈不挠的人。

你需要一张“人脉储蓄卡”

斯坦福研究中心发表过一份调查报告，报告中指出，一个人赚的钱，12.5%来自知识，87.5%来自关系，可见人脉何其重要。人生的棋局中，要想谋大事，首先要学会布大局。想要布大局，人脉是必不可少的因素。

同时，一个人的潜在能力，只有与优秀的人在一起，才能被激发出来，这需要良好的人脉基础。如同一颗小树苗，不管品种多么优良，它只有在肥沃的泥土里才能长成参天大树。如果不想你的潜能胎死腹中，就必须注重积累人脉，尤其是良好的人脉关系。

人脉积累不可能一时半会就完成，它是一个长年累月积累的过程。就像存钱一样，它要一点点慢慢地存起来，账户的金额才会变多。日常生活和工作中，养成关注自己人际交往对象的习惯，尤其是现在或者将来对自己有用的对象，并维系与他们的关系。此外，还可以通过你的人脉资源，延伸和发展更多的人脉，这样你才能慢慢建立起人脉圈。

在这个渴望成功的年代，成功靠的是才华、资金、机会和地位，但当这一切你不曾拥有时，能靠的就是圈子和人脉。从现在开始为自己存一张“人脉储蓄卡”，积累自己的人脉财富，你才会有成功的助力。什么是“人脉储蓄卡”？据说有个人想要为自己的孩子找一所关于“人脉”教育的学校，只要能入学，什么条件都可以接受，他就是想给自己的孩子存一张“人脉储蓄卡”。

虽然听起来有些荒谬，只听说过给孩子存钱的，却从未听说过“存人脉”。仔细想来，“存人脉”很有道理。一张“人脉储蓄卡”的魅力和价值，要比一张货币储蓄卡的魅力和价值大得多。

靠着人脉获得成功的台湾凌航科技董事长许仁旭说过：“如果不是朋友介绍，凭我中山大学的学历，根本不可能进台积电或者任何一家科技公司；如果不是我在台积电工作时跟凌阳董事长黄洲杰建立了深厚的感情，现在也不会成为凌阳集团投资业务的重要顾问。”在美国的好莱坞也一直流行着这样一句话：“一个人能否成功，不在于你知道什么，而在于你认识谁。的确，人脉是一个人通往财富、成功的入场券。”可见人脉在成功的路上多么重要，需要我们不断积累。

存一张“人脉储蓄卡”，不断地往里面存入人脉，并投资自己的情感，增进与他们间的感情，只有这样，你的人脉才能如同银行账户一样，存得多、时间长，利息就多。当你需要用时，你的“人脉储蓄卡”的额度才能满足你。

著名作家、文学家钱钟书先生，在写《围城》时有过一段非常拮据的生活。在他和夫人几乎没有什么收入、生活过得非常艰难时，黄佐临导演拍摄了钱钟书夫人杨绛先生的四幕喜剧《称心如意》和五幕喜剧《弄假成真》，并及时支付了酬劳，帮助他们一家渡过难关。

40年之后，黄佐临的女儿黄蜀芹导演要开拍电视剧版的《围城》，因为父亲黄佐临的一封亲笔信而独得钱钟书先生的亲见。

正是黄佐临的人脉积累，让她的女儿受益，获得了钱钟书先生的帮助。正所谓“在家靠父母，出门靠朋友”，平时注意积累人脉，关键时候才能获得帮助。所以，在日常生活和工作中，要养成“储存人脉”的习惯。

“人脉储蓄卡”没有门槛，每个人都可以存一张，人人平等，只看你是否会存，是否善于利用。在当下，拥有并掌握了人脉，才能掌握自己的未来和命运。

但在现实生活中，很多人却不懂人脉积累的重要性，在平时不注意积累，一旦出现困难或是需要帮助时，便开始怨天尤人，哭诉命运的不公。这些人忙忙碌碌了很多年，抱怨了很多年，却仍然停留在人生的起点。他们从来没有想过自己为什么无法成功，也没有考虑过在别人的成功路上，人脉到底起着多大的作用。

在一家名校的EMBA班里，有一个来自卖场的营销高手，名叫王俊杰。他告诉朋友，去上EMBA不是为了真的学习到什么，也不是为了生意，而是为了能寻找并认识比自己优秀的人，向他们学习，与他们建立友谊。这何尝不是在为自己的“人脉储蓄卡”储存人脉呢？

广交友是积累人脉最简单、最快捷的方法。在不断的交友过程中，“人脉储蓄卡”账户中的人脉，才会越来越丰厚，各种机会才会频频向你招手，你改变命运、获得成功的概率也会越来越大。当你的人脉资源足以满足你生活和事业上的需求时，还愁有过不去的砍儿吗？

往“人脉储蓄卡”里存人脉，就好比在银行储蓄卡上存钱，有一点就存一点，从不间断，终有一天你会发现，你的“人脉账户”里有了很大一笔财富，会表现出很强大的力量，为你的成功添砖加瓦。

一个做图书公司的商人，日常生活和工作中非常注重人际关系的培养和人脉的积累，无论是对待小人物还是大作家，他总是不吝啬自己的时间和精力与他们建立良好的关系。

曾经有一个他并不是很熟的出版社朋友找他借钱，他二话不说就借了三万元；还有一次，一位和他素未谋面的作家因为急需用钱，这位商人在那位作家还没有交稿的情况下，直接把稿费付给了他……正是因为这位商人对人际关系的注重，对人脉的积累，才让他在图书行业做得顺风顺水，不仅有很多书稿来源，图书项目出版也非常顺利。

这个商人就是用存钱的方式在自己的“人脉储蓄卡”上充实人脉。虽说这位商人看起来有些现实，“先存后用”有些利用的味道，好像是在收买人情。但不得不承认，这是一个很好的积累人脉的方式。

不过，在积累人脉时，不能仅把“利”字放在前面，想要让你的“人脉储蓄卡”中的人脉不断增值，应该注意以下几点。

第一，与人交往时，诚实守信。背信弃义往往是人际交往中的大忌，一旦做出违背诚信的事，必将为你的“人脉信用账户”支付庞大的违约金。

第二，与人交往时，保持正直的品质，切忌背后言他人之短。

此外，应充分理解他人，只有尊重和理解他人，才能赢得他人的好感，获取信任。

俗话说“近朱者赤，近墨者黑”，在“人脉储蓄卡”的账户上“存储”人脉时，要扩张人脉圈子的广度和宽度，注重人脉圈子的精度，积累有积极影响的人脉资源，才能让你的前进之路充满动力。

不懂得积累人脉的人，会失去与人交往的机会，错过成长、成功的机会。为自己积累人脉，就是为自己美好的未来储备力量，所以为自己存一张“人脉储蓄卡”吧！

做大事者，先从小事做起

一滴水，虽然很小，但它可以折射出太阳的光辉；一缕光，虽然很微弱，但却可以为人们指明方向。要知道，许多大事都是由一些微不足道的小事组成的。那些看似烦琐、不足挂齿的小事，在我们的生活和工作中比比皆是，但如果我们因此忽略这些小事，很可能会导致“一着不慎，满盘皆输”。因此，不管是在工作中还是在生活中，我们都应该注重小事，从小事做起。

一位大学教授说：“在多年的教学中，我发现那些在学校资质平平、学习中等、没有天分的孩子，当他们走上社会后，勤奋努力，认真工作，默默奉献，平淡到老师和同学都不记得他们的长相和名字。但是毕业几年或是十几年后，他们其中的一些人却事业有成，而那些原本聪慧、机智的孩子，往往一事无成。后来我与同事们一起琢磨，发现成功与在校的成绩没有必然的联系，但成功却与踏实的性格有着密切的关系。那些平凡的孩子比较务实，懂得从小事做起，积累经验，而且懂得勤能补拙，成功的大门才会向他们敞开。”

在这个世界上，想做大事的人太多，而愿意做小事的人太少。许多人想做大事，但他们却不愿意从小事做起，更不屑于做小事。随着社会经济的发展，社会分工越来越细，专业化程度要求越来越高，那些所谓的大事变得越来越少。比如，一辆汽车有上万个零件，需要上百家公司生产协作才能完成；一架波音747飞机有几百万个零件，涉及的公司更多。

因此，在这个世界上，绝大多数人的工作是一些琐碎、单调的小事。这些小事也许平淡无奇，也许有些鸡毛蒜皮，但正是无数的小事，才构成我们的工作和生活。小事是成就大事必不可少的基础。

所以，不管是做人还是做事，都要注重细节，从小事做起。要知道，一个连小事都不愿意做的人，不可能做成大事。老子说过："九层之台，起于垒土；千里之行，始于足下。"只有在小事上下功夫的人，才会把事情做得更好，比别人更优秀。

即使一件事再小，它也隐藏着巨大的机遇和决定我们成败的关键。所以，那些成功的人往往不会忽视小事，哪怕再小，他们也会充满热情。成功的秘诀之一，就是做别人不愿意做的小事。

有句话说得好："不因小而失大，不因少而失多。"只要我们抛弃大小、高低，一心一意从小事做起，即使是毫不起眼的工作，也会比别人做得更好。

要知道，做大事的人，通常具有以下三个特点：一是愿意从小事做起，懂得小事是成大事的必经之路；二是心中有明确的目标，知道只有把所有小事积累起来，才能达成他们的最终目标；三是有一种精神，锲而不舍、把小事做好的精神。

俞洪敏说过："大事业往往要从小事情一步步做起来。没有小事打下牢固的基础，大事业是难以一步登天的。"

随着新东方的发展壮大，俞洪敏仍然坚持每年到全国各地做几百场演讲，可以说几乎是每天一场。就像他当初创办新东方时一样，他不停地重复着单词、句子，如同艺术家一样，千百次重复着一个唱段，循环往复。

其实，我们这一辈子做不了太多的事，如果什么事都想做，可能什么事都做不成。如果我们能把每件小事做到满意，就很了不起了；

如果能把小事做到完美，就更了不起了。

俗话说：“三百六十行，行行出状元。”扬州有一位修脚匠，修脚修成人大代表，就连香港最有名的企业家也曾用飞机接他到香港修脚。他只是热爱这一行，把它做到极致而已。

如果认真观察，我们不难发现，那些成功者都非常注意小事。所以，不要看轻任何一件小事，因为没有人可以一步登天，无论什么事，都是从小事积累的。只要我们认真对待每件小事，就会发现机遇越来越多，人生之路越走越宽。

荀子说：“不积跬步，无以至千里；不积小流，无以成江海。”说的就是想要成大事，必须从小事开始，一步一个脚印，这样才能积累做事的经验，将来才能成大事。力求把每件小事做好，做到完美，这样我们才能在小事中成就大事，铸就自己的辉煌。

没有什么成功是轻而易举的

这两年，大器晚成的民谣歌手赵雷彻底火了。许多人将赵雷的成名归结于运气，也有许多人对此不以为然。其实，喜欢民谣的人都知道，在民谣圈，赵雷已经火了很久了，他的火其实是一种必然。

网上有一个关于赵雷的专访节目。当时，记者走进赵雷在北京的家，说是家，其实只是一间破旧的小平房。在节目中，赵雷提起自己曾经在北京的地下通道卖唱的经历，以及那些在酒吧唱歌的日子。其间，赵雷有点沮丧，他说面对一群不懂音乐的买醉人唱歌，其实是一件很痛苦、很无奈的事情。尽管如此，他依然感谢那段经历，毕竟对于一个视音乐为生命的人来说，没有什么事情比有唱歌的机会和场所来得更幸福的了。

2010年，怀揣一份爱唱歌的热情，赵雷参加了《快乐男声》，并顺利进入20强，尽管只是惊鸿一瞥，但好歹算是走进大众的视野。后来，他发行了一张唱片，结果却血本无归。面对重创，赵雷没有退缩，也没有转行，依然带着那颗热爱音乐、热爱民谣的心继续蛰伏。

七年过去了，凭借多年的坚持，凭借脚踏实地，凭借那股不屈不挠的韧劲，凭借对音乐的热爱，赵雷真正迎来了事业的春天。

许多人喜欢赵雷，除了欣赏他的才华外，更多的是佩服他身上那种坚忍和踏实。正是这份坚忍、踏实，让他成为民谣圈里为数不多的被大众广泛关注的歌手。从赵雷的身上，我们明白一个道理：世上所有的成功，都是有迹可循的，从来没有哪一种出色是轻而易举就能得来的。

如今，在现实生活中，许多年轻人总是梦想着功成名就，做一番大事，看不上小打小闹的工作，遇到困难就轻易退缩。“95后”的沈涛和许多野心勃勃的年轻人一样，总是想比别人强、比别人好，却始终苦于没有机会。为此，他常常在朋友面前抱怨领导不重视他，总是安排他打杂。

几乎每一次，朋友都会劝他踏实一点，一步一个脚印，慢慢来，先把手头的工作做好，而沈涛总是用雷军的那句“别用战术上的勤奋代替战略上的懒惰”来反驳朋友。在沈涛看来，方向比速度重要，选择比努力重要，宝贵的时间应该花在最应该花的事情上。

朋友理解他的抱怨和心塞，作为重点大学的新闻系学生，毕业后，沈涛顺利进入一家报社，每天写一些不痛不痒的稿件。这样的工作，与他理想中的跟踪大事件、采访大人物，然后一鸣惊人，显然有巨大的差距。

不久前，报社要改革成立新媒体中心，晚沈涛一年进报社的同事被内推成为中心主任，这让沈涛很不服气。在他看来，那位同事学历不如他，资历不如他，人缘更不如他，为了表达不满，他还专门向单位请了一个星期的病假。

为了开导沈涛，朋友决定请他吃顿饭，谁知在电话里，沈涛却一本正经地告诉朋友，他想通了，并且输得心服口服。

原来这之前，报社领导曾专门找沈涛谈了一次心。正是这次谈心，让沈涛看到自己和同事的差距。过去的几年里，虽然沈涛确实比同事多采访了一些重要的、高层次的对象，可几乎每一次，那些难缠的对象，都以失败告终。反倒是那位同事，不管对方多不配合，不管骨头多难啃，最终都能圆满完成任务。

比如有一次，报社策划了一个邻里矛盾的选题，本来交由沈涛做，可是沈涛跑了几天发现，这个新闻不仅采访难度大，涉及的人物复杂，而且出不了成绩，便选择撂挑子不干了。后来，那位同事接过了这个烂摊子，在走访了无数群众、吃了无数次闭门羹后完成了任务。

电话里，沈涛感慨道，自己实在是太自以为是了，总想做一番大事，却不知道所有的大事都是从一件件的小事中历练而来的，总以为别人是靠套路赢得了机会，却不知别人的出色其实也来之不易。

没有什么成功是轻而易举的，都是靠一步步脚踏实地拼出来的。很多时候，我们自认为是做大事的人，对烦琐小事不屑一顾，不愿意坚持、努力，其实不过是我们在给自己的懒惰找借口，是在欺骗自己，以为成功可以走捷径。

正所谓“台上三分钟，台下十年功”。大多数时候，我们只看到别人表面的风光，却看不见为了这份风光，别人暗地里下的苦功、付出的辛勤、承受的艰难。成功从来不是随随便便的事情，人与人之间的差距，无不是在点点滴滴的积累中拉开的。

在如今这个喧嚣的时代，因为忙碌、浮躁，越来越多的人已经没有时间静下心来，认认真真、专注持久地做一件事情。工作中，我们总是在寻找所谓的“套路”，不屑于那些平凡的小事，不肯一步一个脚印，甚至安慰自己：自己只是不想把时间和精力浪费在没有用的事情上，只是想更高效。殊不知，当一个人不肯努力、不肯付出、不肯勤奋的时候，所有的“套路”都是弯路。那些连一件小事都做不好的人，凭什么能做好大事呢？

在赵雷的专访里，记者问道：“你是如何看待金子在哪里都会发光的？”

低调的赵雷真诚地回答说："这个世界，金子有很多。"

的确，在民谣圈，有才华、有梦想的人有很多，可是没有几个能像赵雷一样，脚踏实地，肯吃苦，肯坚持，永不言弃。他们大多在时光的更迭里，为了生计而另谋出路，或者为了成名而随波逐流。所以，最终成名的是赵雷，而不是他们。

美国华裔女教师Angela Lee这样说道："在学校和生活中的表现好坏并不取决于一个人的智商，也不是外貌和身体状况，而是意志力。"所谓的意志力，其实是指对目标日复一日的不懈追求。

生活在这个世界上，我们都渴望出色，渴望成功，渴望实现人生价值。问题是，又有多少人为了这份渴望，实实在在地付出过努力和坚持?

寿司之神小野二郎告诫我们："一旦你决定好职业，你必须全心投入工作，必须爱自己的工作，千万不要有怨言，必须穷尽一生磨炼技能，这就是成功的秘诀。"

小野二郎的徒弟在接受采访的时候这样说道："你没学会拧毛巾，不可能碰鱼。然后你要学会用刀，过了十年之后，师傅会教你煎蛋。我以为自己没问题，但真的开始煎蛋时却一直搞砸。三四个月间，我做了200多个失败品，当终于做出合格品时，师傅说这才是应该有的样子。于是，我高兴地哭了。"

这就是厨神的炼成之路。人们往往只知道寿司好吃，却不知道为了这一顿美味，寿司师傅背后付出的艰辛和努力。大部分时候，与那些出色的人相比，我们之所以显得平庸，其实并不是缺少运气，也不是能力不够，往往是因为缺少最重要的那份努力和坚持，是我们在命运还没有下结论之前，首先选择了放弃自己。

《牧羊少年奇幻之旅》里有一句话非常好：

那个注定要让你为之奉献生命的东西，不会因为琐碎的生活而消失，它会不断地在你的心底涌现，直到有一刻，你再也不能视而不见。如同贝壳中永远有大海的声音，因为这就是贝壳的天命。当你渴望某种东西时，整个宇宙都会合力助你实现愿望，而你表达渴望的方式就是持续不断地做这件事。

每一次“败笔”，都是你人生的历练

这个世界上，没有人能一生顺遂，每个人或多或少都会经历失败：感情的失败、事业的失败、生活的失败……但有多少人能在失败后真正做到总结失败的经验教训、重整旗鼓呢?

在现实生活中，确实有这样的人，他们把自己人生中的每一次“败笔”，都当作对自己的历练，认为每次失败都是下次成功的基石，都能为他们的生活增添色彩。

然而，生活中也有另外一类人，他们不懂得从失败中找出路，害怕失败，把失败当作负担和压力，所以总是在不停地经历失败，甚至一蹶不振。

陈涛在一家大型企业做HR，有这样一件事让他记忆犹新：在某一年的校园招聘中，一个女生因为没有应聘上而自杀未遂。

后来，陈涛在整理招聘资料时才发现，或许是因为信息系统故障，或许是其他原因，竟然错过了成绩最好的应聘者，没错，就是那个自杀未遂的女生。当时，陈涛和他的同事发现这件事时觉得挺惋惜，惋惜没有招到成绩这么优异的员工。不过，后来听说那个女生自杀未遂的消息后，又不免有些庆幸，因为即使他们录取了她，在将来竞争激烈的职场中，那个女生也未必能待得长久。所以，陈涛放弃了补录她的想法。

其实，换个角度想，我们也能理解陈涛的做法，没有哪个公司会要一个心智不成熟、抗压能力和受挫能力低下的员工。

世界那么大，人那么渺小，你有那么大的魅力让所有人都围着你转吗？你觉得因为失败而选择放弃生命是件很有勇气的事吗？你觉得有人会为你感到惋惜吗？想来除了家人和朋友外，再没有其他人会为你驻足脚步，花费精力和时间惋惜一个与自己不相干的人。

学走路的孩子在摔倒后，还会爬起来继续前行，才能学会走路，不管他们摔得多疼。孩子是真的不知道疼吗？当然不是，他们只是没有想太多，把注意力放在走路上，只是单纯地想要学会走路，而忽略疼痛。

反观有些人，总是喜欢把一点点小痛苦放大无数倍，遭遇一点点失败就寻死觅活。

事实上，我们所谓的疼痛和失败，并不是来自外界，而是来自我们的内心。我们对失败的反应让我们止步不前，害怕失败，这就是为什么我们不能像孩子一样，跌倒后还会爬起来继续学走路。孩子不会想那么多，自然不会有那么多对疼痛和失败的反应。

有一部叫《101次求婚》的偶像剧，虽然电视剧的内容是讲对真爱要有恒心，在追求幸福时要有101次求婚的勇气，但何尝不是在启示观众：追求成功的路上，要不怕失败，有“101次求婚”的勇气。所谓“精诚所至，金石为开”，只有在面临一次次失败和挫折后不退缩，每次都积极面对，并从中汲取经验和教训，终有一天，成功会向我们招手。

只有失败者才会常常把“不能”挂在嘴边。那些已经成功或是正在走向成功的人，从不认为自己“不能”，即使有时会因“不能”而失败，但他们不会因此而消沉。对于这些人，任何失败都只是自己人生中一次小小的、暂时的受挫，是对自己的一种历练，是未来成功的基石。

艳子种黄豆的时候，把黄豆埋得很深。一段时间后，艳子四岁的孩子去地里玩耍，发现黄豆种子已经长了长茎，并破土而出。孩子既欣喜又疑惑问道：“妈妈，黄豆为什么会知道往上长，破出土壤？它们被埋得那么深啊！”

艳子笑道：“那是因为它们知道，只有努力地往上长，才能见到阳光，才能存活！”

你瞧，连黄豆都知道努力才能见到阳光，作为人类的我们，是不是更应该努力向上，追求幸福的曙光呢？

可曾记得高考失败后那段灰色的日子，那时的你，是选择坚强面对，还是从此一蹶不振？可曾记得初次进入职场时被人排挤的时光？那时的你，是灰溜溜地离开，还是努力打破隔阂融入他们？可曾记得初恋失败后那段苦涩的日子，那时的你，是躲在角落里哭泣，还是微笑着走出失恋的阴影，努力寻找自己的理想伴侣……

我们应该把人生中的每一次“败笔”，当作对自己的一种历练，一种成长。失败也好，“败笔”也罢，我们会从中学会坚强与独立，学会沉淀自己。

那些我们所经历的挫折与失败，都将成为过眼云烟，因为生活在继续，不会因为我们的一些“败笔”而停留。所以，我们应该做坚强、勇敢、沉稳的人，把人生中的“败笔”当作历练自己的工具或激励自己的动力，这样才会活出最美的自己、过上精彩的人生。

强大的对手，成就强大的你

正所谓“棋逢对手，将遇良才”。如果人生没有对手，我们会失去很多学习、成长的机会；如果人生没有对手，我们的人生将苍白无力。漫漫人生路，我们需要对手。一个强大的对手，能激发我们的潜能，让我们时刻保持头脑清醒，居安思危，奋勇拼搏，变得更强大。

一位动物学家发现，非洲大草原奥兰冶河东西两岸的羚羊在繁殖能力和奔跑速度上有差别：东岸的羚羊繁殖能力比西岸的强，奔跑速度也比西岸的羚羊每分钟快13米。这一现象让他百思不得其解。这些羚羊的种类是一样的，饲料来源也一样，唯一不同的是一群生活在奥兰冶河的东岸，一群生活在西岸。

于是，这位动物学家做了一个实验：在动物保护协会的帮助下，他们在奥兰冶河的东西两岸各捉了10只羚羊，然后把东岸的10只羚羊运到西岸，把西岸的10只羚羊运到东岸。一年后，从东岸运到西岸的10只羚羊繁殖到14只，而从西岸运到东岸的10只羚羊只剩下3只，另外7只被狮子吃掉了。

这时这位动物学家才明白：东岸的羚羊之所以繁殖能力强，奔跑速度快，是因为它们附近有一群狮子；而西岸的羚羊之所以不如东岸的，是因为它们缺少天敌。在自然界中，有天敌的动物会逐渐繁衍强大，而没有天敌的动物，则会逐渐灭绝。

从这个故事中，我们看到了对手的重要性。生活和工作中出现对手、压力和困难，并不一定是坏事，因为我们可以从他们身上发现自身的不足，最大限度地激发潜能，提高能力。

有人认为，对手就是与我们势不两立的关系，他们的存在只会为我们增添困难，是我们成功路上的障碍，因此总想把对手干掉。殊不知，只有当我们有了对手，才能变得更强大。

美国教师乔治·派克因厌烦给学生修钢笔而发明了“更好的钢笔”，并以自己的名字命名为“派克”，后来成立了自己的公司。派克笔因品质优良，很快就占领了市场，成为钢笔市场的王者。

有一天，派克公司的新任总经理马科利正在开会，销售部经理慌张地跑进来，对着他耳语了几句。然后，马科利沉着脸结束会议，原来经常合作的几家学校先后发来退货单，其他用户也纷纷加入退货的潮流。对此，马科利立刻派人展开调查。

原来，他们的客户都被发明圆珠笔的贝罗兄弟抢走了。经过对比研究，他们发现圆珠笔比钢笔使用更方便，实用性更强，而且更廉价，派克笔完全没有优势。此时的马科利大惊失色，他知道：圆珠笔就是他们强大的对手。

于是，马科利命令员工立刻对派克钢笔进行改进，希望通过产品升级重新占领市场。然而，事与愿违，一系列的挽救计划没有起到任何作用，公司业绩急剧下滑，已经到了破产的边缘。

马科利为此夜不能寐，因为就算派克钢笔与圆珠笔硬拼，也是没有出路的。他担心派克公司就此毁于一旦，可是他不甘心，四处求救，最后在一位老师的启迪下，终于找到派克的出路。

他在会议上宣布了两件事：一是不与圆珠笔比销量，同时大幅减少生产；二是不与圆珠笔比价格，同时大幅提高价格。面对这样的策略，大家都很诧异，面面相觑，马科利笑着说：“从今天开始，派克笔将是‘笔中贵族’。”

后来，在马科利的精心策划下，派克笔成为英国皇家书写用具的独家供应商，成为伊丽莎白二世的御用笔，身价倍增，渐渐成为身份贵重的象征。后来，派克公司一直沿袭高档名贵的营销线路，走出了属于自己的独特道路，成为世界闻名的品牌。

要知道，对手可以打败我们，也可以拯救我们，就看我们怎样面对。如果没有对手的围追阻截，我们不会另谋出路，那些看起来难走的路也许会成就我们的辉煌人生，就像派克笔一样。

真正的强者从来不会痛恨阻碍他们成长的对手，反而会感谢强大的对手成就了强大的自己。他们好像专心走路的人，从不会注意到鞋子是否沾染了灰尘和露水，更不会怨恨磨坏他们鞋子的道路，只会为自己缝制一双更结实的鞋，继续赶路。

人生的道路不会一直平坦顺遂，会出现各种各样的对手，正是因为这些对手，才使得我们变得更强大、更自信。有人说，对手就像一面镜子，它能让我们看到自己的不足，然后不断完善自己，让我们变得更完美。

因此，我们应该感谢生命中出现的每个对手，他们的存在让我们感到了危机，挖掘出自己的潜力，是对手造就了我们的强大、我们的成功。因此，我们要感谢对手，是他们把我们提升到一个新的境界。

积极主动，助你达到事业的顶峰

这个世界是公平的，我们想得到，就必须付出，积极主动的人会得到积极所带来的结果。当我们用积极主动的态度面对工作的时候，会发现每一项工作都变得轻松、简单，这就是积极主动带来的变化。

不管是在工作中还是在生活中，我们都不能消极对待，积极主动才能助我们达成目标、成就事业。然而，有些人总认为自己的付出只要对得起工资就可以，不用那么拼命，所以他们从不主动加班，也从不积极主动地完成工作，总觉得是别人欠他们的，经常消极怠工，结果他们的人生以平庸收场。

要知道，如果一个人在工作时缺乏主动性和责任心，他的人生必定没有太大的发展。

比如，一家图书公司的老板分别让三名员工去了解一下近期图书市场的情况。

A员工用了不到一小时就回到公司，他对老板说他去了公司附近的一家书店，询问了书店员工近期比较畅销的图书类型，然后回到公司向老板汇报情况了。

B 员工用了三个小时就回到公司，他对老板说，他去了附近的几家书店，询问实际情况后，基本上把所有的畅销书都粗略地看了一遍，然后才回来向老板汇报工作。

C员工直到下班前才赶回公司。原来，他不仅去了公司附近的书店，还把当地所有大型书店都看了个遍，并对每家书店的情况做了记录。在准备回来的路上，听说正好有书展，所以他又去了一趟书展了解情况，后来又顺便去了几家出版社，了解了最近的图书出版情况，做好记录后，才回到公司向老板汇报情况。

案例中C员工的态度，就是一种积极主动的工作态度，这正是成功人士应具有的人生态度。积极主动的人，善于挖掘自身潜力，注重自身发展，愿意承担责任。工作对他们来说不仅仅是一份工作，更是一份事业。他们有明确的目标和长远的眼光，愿意为公司做出贡献。他们也常常自我反问："我的积极付出是否可以让我拥有更好的人生，我对公司做出的贡献，是否对公司有深远的影响。"

因此，要想达到事业的顶峰，我们必须具备积极主动的态度，无论做的是什么工作。

要知道，成功者与平庸者的最大区别，就在于前者不仅拥有积极主动的态度，还善于自我激励，用一种自推力促使自己努力前进。同时，前者还勇于承担责任，成功的秘诀就在于此。阻碍我们成功的不是别人，而是自己，因为我们没有赋予自己成功的原动力。

所以在工作中，我们不能一直想着"老板让我做什么"，而是应该多想想"我能为老板做些什么""我提前为老板做好什么"，这样才能把工作做到尽善尽美。有的人认为只要忠实、可靠、完成任务就可以了，何必把自己搞得那么累，实际上这是远远不够的，尤其是刚刚踏入社会的年轻人。我们想要成功，就必须做得更多、更好、更完美。

那些对成功人士的研究也证明了额外投入的回报原则，这对早期创业的人非常重要。当人们的努力付出没有得到老板的认可和回报时，他们可能会选择自主创业，此时他们早期的努力会带给他们很大的帮助。

有人说，积极主动的付出好比向银行里存钱，当我们需要它的时候，这笔钱会为我们所用。这里所谓的主动，也可以指随时随地把握机会，用超乎别人的要求完成工作。积极主动的人，往往有超于普通人的智慧和判断力，他们会为了完成任务而不惜打破常规。

此外，积极主动的人还具有很强的自尊心。缺乏自尊心的人，为了避免犯错，只会墨守成规，思维被局限在条条框框中，只要是老板没要求的事，绝不会主动插手；自尊心强的人，具有独立的思考能力和创新思维，勇于承担责任，遇到突发状况，会发挥自己的聪明才干，机智地完成任务。

众所周知，付出多少，就能得到多少，虽然有时候我们的付出不能立刻得到应有的回报，但也不能因此气馁。我们应该一如既往地积极主动，有时回报会在不经意间以一种特殊的方式出现，只需要做好自己该做的即可。

用最努力的时光，匹配最好的人生

林薇大学毕业后，如父母所愿留在镇上的小学教书，工作不忙，算是铁饭碗。可是林薇并不甘心，总觉得这样安逸舒适的生活一眼就可以望到头，时间久了，梦想会被现实吞噬，变成温水里的青蛙。她还有很多抱负，还想为梦想拼一把，去更大的城市，看更多的风景，做更有意义的事情。

于是，她萌生了辞职考研的念头。

毫无疑问，林薇的想法遭到全家人的一致反对。她的父母恨铁不成钢地责备她瞎折腾，不务正业，放着好好的安逸工作不做，偏要追寻那些不确定的东西。

那段时间，林薇非常迷茫，一边是安逸，一边是梦想，她站在人生的十字路口，不知该继续前行还是果断转弯。后来，她的朋友对她说："如果确实对现有的生活不满意，不如遵从自己的本心，跟着自己的期望前进，试着努力一次，毕竟努力了才有回报。"

于是，林薇果断辞职，独自去了北京，在心仪的大学旁租了一个床铺，白天泡图书馆，晚上挑灯夜读，仿佛回到高考状态。

上天不会辜负每个努力的人。一年后，林薇拿到那所国内顶尖大学的研究生录取通知书。后来，她又凭借自己的努力拿到斯坦福的全额奖学金。现在，她在美国，每天依然过着实验室、公寓两点一线的生活，实现了她的化学博士梦。

从林薇身上，我们看到了努力的力量和奋斗的样子。如果当初那个尚显稚嫩的她安于现状，没有选择用努力的时光匹配最好的人生。这世上或许就多了一个平凡普通的乡镇教师，而少了一个才华横溢的化学博士。

当然，努力的意义不在于你一定要取得多大的成就，也不一样代表就会成功，它只会让你的人生少一些遗憾，让你在平凡的日子里活得比原来那个自己更好一点，对生活少一些妥协，更有能力保护自己喜欢的东西，更有底气成为自己。

拼命地努力，不辜负时光，更不辜负自己，这大概就是努力的意义。

微博上曾发起过这样一个话题：人为什么要努力？

答案五花八门。有人说，是为了在点餐的时候，不看价格先找自己想吃的；在累成狗的时候，随意打个车就回家；在旅游和外出时，住宾馆而不是旅馆。也有人说，是为了让父母老有所依，让孩子不输在起跑线上，让自己过更好的生活。

夏雨是一个十足的工作狂，为了赶稿，常常凌晨四五点钟就起来，节假日也不休，加班更是家常便饭。她也曾问过自己，为什么要这么拼命，为什么不能换一种更轻松的生活方式？毕竟这世上，敷衍一下工作，应付一下老板，对付一下客户，偶尔偷懒迟到的人比比皆是，有这样想法的人，也大有人在。

后来，她想明白了，那些所谓的不同的、更轻松的生活方式，从本质上讲，都是平庸的生活，会让我们的人生失去翻身的机会。她不愿意为了享受一时的轻松，让最容易快速成长的青春时光轻易荒废，更不愿意自己30岁以后还要坐最便宜的公交车，逛最便宜的菜市场，吃最便宜的饭菜……

只有努力，才不辜负梦想。夏雨渴望的是更好的生活、不一样的视野、强大的生存能力、更完美的自己。于是，她心甘情愿地选择用最努力的时光，匹配最好的人生，在精力旺盛的青春里，拼命工作。

正所谓“少壮不努力，老大徒伤悲”。努力是我们最好的选择，时光匆匆不可逆，它是世间最宝贵的财富，也是自我增值的土壤。

我们在朋友圈经常看到这样的抱怨：“我不想把年轻的时光，都浪费在工作上，我要把生命，浪费在美好的事物上。”

这句读起来确实很美，源于著名财经作家吴晓波老师的一本书，字字透着一个父亲对女儿的爱，更表达了一位成功人士活了大半辈子之后的追求。

再对比一下写下这句话的涉世未深、能力尚浅、毫无建树的那些人，他们未必都有孩子，未必都是所谓的成功人士，有自己的上市公司，更未必都走过半辈子的时光。当他们写下这句话的时候，他们无非抱着“见到别人风光就眼馋，轮到自己吃苦就抱怨”的心态。

可怕的是，他们并不知道，努力才是年轻最好的选择。当他们在抱怨和停滞不前的时候，那些比他们更优秀、拥有更多资源的人，早就走在了前头。

李明是一个不折不扣的“富二代”，大学毕业后，他拒绝了家人的安排，选择到专业对口的某大型国企工作。刚毕业那年，他便被安排到一个县城上班，筹备全国呼叫中心。

当然，那种筹备和我们想象中穿着西装白领、汇报PPT方案的情景并不一样。他需要一个人搞定施工图纸、项目预算、项目推进、当地合作等各种事宜。更要命的是，他去的是一个有名的贫困县，大夏天没有空调，常常被蚊子咬得全身是包，从一个村到另一个村，有时候要翻几座山。

这样的境况，普通人都难以忍受，更何况是从小养尊处优的李明。但李明坚持了下来，那个项目后来做得很漂亮。

提起那段经历，李明说："我知道机会来之不易，要想不依附家人，走自己想走的路，过自己想过的生活，就必须努力。人生本来就是用来吃苦的，要是没有那一年的苦，又怎么会有我如今的甜呢？"

人生会经历很多阶段，不管是哪一阶段，我们都要努力奋斗，奋斗自己的事业，建立自己的家庭，完成人生最关键的必修课，为自己的未来定下基调，让自己活得更美好。

如果你想要过和别人不一样的生活，就要付出和别人不一样的代价。

高亮因为大学沉迷于打游戏，没有拿到毕业证，今年六月，学校不让住了，他四处求职，面试无数次找到一份快消品销售，做了三天便辞职了。在朋友的出租房里窝了半个月，他又找了份保健品的销售，结果不到七天又辞职了。他经常抱怨说："我感觉人生太迷茫了，不知道未来的路要怎么走。"

朋友问他，为什么不安心做下去呢？踏入社会的第一份工作，最重要的是积攒经验，理应认真对待。他略带愤恨地抱怨，工作环境差，时间又长，顶着烈日还要在外面跑，和自己理想的差距太远了。他说，以后要月薪过万，努力赚钱，争取给爸妈买个房子，这是他的追求。

其实，他的追求固然是好的，可如果他一直这样，比起工作，更愿意躲在宿舍玩游戏；比起在烈日下奔走，更愿意待在空调房里追剧、刷微博。那么，他的追求，将永远是虚幻的泡影。

蔡康永说：15岁觉得游泳难，放弃游泳，到18岁遇到一个你喜欢的人约你去游泳，你只好说"我不会耶"；18岁觉得英文难，放弃英文，28岁出现一个很棒但要会英文的工作，你只好说“我不会耶”；人生前期越嫌麻烦，越懒得学，后来就越可能错过让你动心的人和事，错过新风景。

所以，我们凭什么不努力，还什么都想要？努力，才是我们最好的选择。